大学计算机基础教育规划教材

"高等教育国家级教学成果奖"配套教材

MATLAB基础教程

孙 蓬 主编

曾雷杰 孔庆芸 秦晓红 刘君瑞 编著

清华大学出版社
北 京

内 容 简 介

本书结合工科院校工程科学计算应用的需要，讲述了 MATLAB 的基础知识，内容包括 MATLAB 程序设计基础和环境设置、MATLAB 基本函数、符号运算、矩阵运算、二维和三维图形处理、图形用户界面设计和实用工具箱等。从实用角度出发，精讲多练，通过大量的典型应用实例，详尽、系统地讲述了 MATLAB 在各专业领域的应用，培养学生利用 MATLAB 解决实际工程问题的能力。

本书既可以作为理工科院校的 MATLAB 教学用书，也可以作为高等数学、线性代数、计算方法、复变函数、概率统计、数学建模以及系统动态仿真等课程的教学辅导书。还可用作机械、控制、经济、金融等领域的工作人员学习和使用 MATLAB 的参考书。

本书封面贴有清华大学出版社防伪标签，无标签者不得销售。
版权所有，侵权必究。举报：010-62782989，beiqinquan@tup.tsinghua.edu.cn。

图书在版编目（CIP）数据

MATLAB 基础教程/孙蓬主编；曾雷杰等编著. —北京：清华大学出版社，2011.10（2024.1重印）
（大学计算机基础教育规划教材）
ISBN 978-7-302-26929-8

Ⅰ. ①M… Ⅱ. ①孙… ②曾… Ⅲ. ①MATLAB 软件—高等学校—教材
Ⅳ. ①TP317

中国版本图书馆 CIP 数据核字（2011）第 194596 号

责任编辑：张　民　赵晓宁
责任校对：焦丽丽
责任印制：宋　林

出版发行：清华大学出版社
网　　址：https://www.tup.com.cn, https://www.wqxuetang.com
地　　址：北京清华大学学研大厦 A 座　　　　邮　编：100084
社 总 机：010-83470000　　　　　　　　　　邮　购：010-62786544
投稿与读者服务：010-62776969，c-service@tup.tsinghua.edu.cn
质 量 反 馈：010-62772015，zhiliang@tup.tsinghua.edu.cn

印 装 者：三河市龙大印装有限公司
经　　销：全国新华书店
开　　本：185mm×260mm　　　印　张：15.75　　　字　数：374 千字
版　　次：2011 年 10 月第 1 版　　　印　次：2024 年 1 月第 11 次印刷
定　　价：35.00 元

产品编号：044187-02

序

大学计算机基础教育规划教材

进入21世纪,社会信息化不断向纵深发展,各行各业的信息化进程不断加速。我国的高等教育也进入了一个新的历史发展时期,尤其是高校的计算机基础教育,正在步入更加科学,更加合理,更加符合21世纪高校人才培养目标的新阶段。

为了进一步推动高校计算机基础教育的发展,教育部高等学校计算机科学与技术教学指导委员会近期发布了《关于进一步加强高等学校计算机基础教学的意见暨计算机基础课程教学基本要求》(以下简称《教学基本要求》)。《教学基本要求》针对计算机基础教学的现状与发展,提出了计算机基础教学改革的指导思想;按照分类、分层次组织教学的思路,《教学基本要求》的附件提出了计算机基础课教学内容的知识结构与课程设置。《教学基本要求》认为,计算机基础教学的典型核心课程包括:大学计算机基础、计算机程序设计基础、计算机硬件技术基础(微机原理与接口、单片机原理与应用)、数据库技术及应用、多媒体技术及应用、计算机网络技术及应用。《教学基本要求》中介绍了上述六门核心课程的主要内容,这为今后的课程建设及教材编写提供了重要的依据。在下一步计算机课程规划工作中,建议各校采用"1+X"的方案,即"大学计算机基础"+若干必修或选修课程。

教材是实现教学要求的重要保证。为了更好地促进高校计算机基础教育的改革,我们组织了国内部分高校教师进行了深入的讨论和研究,根据《教学基本要求》中的相关课程教学基本要求组织编写了这套"大学计算机基础教育规划教材"。

本套教材的特点如下:

(1) 体系完整,内容先进,符合大学非计算机专业学生的特点,注重应用,强调实践。

(2) 教材的作者来自全国各个高校,都是教育部高等学校计算机基础课程教学指导委员会推荐的专家、教授和教学骨干。

(3) 注重立体化教材的建设,除主教材外,还配有多媒体电子教案、习题与实验指导,以及教学网站和教学资源库等。

(4) 注重案例教材和实验教材的建设,适应教师指导下的学生自主学习的教学模式。

(5) 及时更新版本,力图反映计算机技术的新发展。

本套教材将随着高校计算机基础教育的发展不断调整,希望各位专家、教师和读者不吝提出宝贵的意见和建议,我们将根据大家的意见不断改进本套教材的组织、编写工作,为我国的计算机基础教育的教材建设和人才培养做出更大的贡献。

"大学计算机基础教育规划教材"丛书主编

教育部高等学校计算机基础课程教学指导委员会副主任委员

冯博琴

前 言

  MATLAB 是美国 Mathworks 公司开发的一款数学工具软件,具有出色的数值计算、符号计算和图形处理能力,是进行科学研究、数值分析和工程计算的得力工具。MATLAB 拥有各类函数库,能够将大量复杂的函数封装后提供给用户,使用户能够将更多精力投入到数学建模等关键工作中。

  本书作为 MATLAB 的入门级别教学用书,适用于理工科院校非计算机专业的学生。本书注重对学生实际操作能力的培养,使学生能够掌握 MATLAB 的基本运算能力,熟练使用 MATLAB 进行工程计算和图形处理等工作。

  本书共分 7 章,包含了 MATLAB 程序设计基础、MATLAB 数值计算、MATLAB 符号计算、MATLAB 图形处理、图形用户界面设计以及工具箱的使用等 6 个教学知识单元。课程不要求学生有程序设计方面的基础知识,可以"零起点"学习 MATLAB 的相关知识。

  本书具有以下特点:

  (1) 精选内容,条理清晰。本书每章设计了"教学目的"、"教学知识点"、"教学要求"、"教学内容"、"实例教学"、"课后习题"等教学单元。

  (2) 重点突出、目标明确。本书立足基本理论,重点明确,面向实例教学,以"精讲多练"为指导思想,目标是提高学生的分析问题以及解决问题的能力。

  (3) 本书配套有实验教材,加强理论知识和实践应用的统一。

  (4) 本书中所有例程都在 MATLAB R2011a 版本环境中执行通过,版本新,功能全,有利于学生掌握最新软件功能。

  本书由西北工业大学计算机学院基础教学部课程负责人孙蓬主编。参加本书编写的有曾雷杰、孔庆芸、秦晓红、刘君瑞等。本书在编写过程中,得到了清华大学出版社张民老师的大力支持,再次对她表示衷心的感谢!对西北工业大学计算机学院基础教学部的各位老师给予我们的支持也表示感谢!

  由于时间仓促,加之作者水平有限,错误和疏漏之处在所难免。在此,诚恳地期望得到各位专家和广大读者的批评指正。来信请发电子邮件至 sunpeng214@mail.nwpu.edu.cn(编者)。

编 者

2011 年 5 月

目 录

第 1 章　MATLAB 概述 …………………………………………………… 1
　1.1　MATLAB 的产生与发展 ……………………………………………… 1
　1.2　MATLAB 的主要特点和优势 ………………………………………… 2
　1.3　MATLAB 的系统构成 ………………………………………………… 3
　1.4　MATLAB 的工具箱 …………………………………………………… 4
　1.5　MATLAB 软件环境 …………………………………………………… 5
　　1.5.1　MATLAB 的安装和激活 ………………………………………… 5
　　1.5.2　MATLAB 的软件环境 …………………………………………… 10
　习题 ………………………………………………………………………… 26
第 2 章　MATLAB 程序设计基础 ………………………………………… 27
　2.1　MATLAB 的特殊常量 ………………………………………………… 27
　2.2　MATLAB 的变量 ……………………………………………………… 28
　　2.2.1　变量名 ……………………………………………………………… 28
　　2.2.2　变量的显示格式 …………………………………………………… 28
　　2.2.3　变量的作用域 ……………………………………………………… 29
　　2.2.4　变量的清除 ………………………………………………………… 31
　　2.2.5　变量的存取 ………………………………………………………… 32
　2.3　数组 …………………………………………………………………… 33
　　2.3.1　一维数组 …………………………………………………………… 33
　　2.3.2　二维数组 …………………………………………………………… 35
　　2.3.3　字符串 ……………………………………………………………… 37
　　2.3.4　结构数组 …………………………………………………………… 40
　　2.3.5　细胞数组 …………………………………………………………… 43
　　2.3.6　结构细胞数组 ……………………………………………………… 48
　2.4　MATLAB 的运算符 …………………………………………………… 48
　　2.4.1　算术运算符 ………………………………………………………… 48
　　2.4.2　关系运算符 ………………………………………………………… 50
　　2.4.3　逻辑运算符 ………………………………………………………… 50
　　2.4.4　运算符的优先级 …………………………………………………… 55
　　2.4.5　MATLAB 的基本初等函数 ……………………………………… 55

2.5 MATLAB 的数据精度 ·· 56
   2.5.1 MATLAB 的数据类型 ··· 56
   2.5.2 MATLAB 的数值精度 ··· 57
   2.5.3 MATLAB 的显示精度 ··· 58
2.6 MATLAB 程序控制结构 ·· 58
   2.6.1 顺序结构 ·· 59
   2.6.2 分支结构 ·· 59
   2.6.3 循环结构 ·· 60
   2.6.4 其他语句 ·· 60
2.7 MATLAB 的 M 文件 ·· 63
   2.7.1 MATLAB 编程概述和编程原则 ·· 63
   2.7.2 M 文件的类型 ··· 64
   2.7.3 M 文件的创建 ··· 66
2.8 MATLAB 函数 ·· 67
   2.8.1 MATLAB 的函数类型 ·· 67
   2.8.2 MATLAB 的函数调用和参数传递 ·· 70
   2.8.3 M 文件的调试 ··· 72
习题 ·· 75

第 3 章 MATLAB 数值运算 ··· 76

3.1 向量 ·· 76
   3.1.1 向量的创建和引用 ·· 76
   3.1.2 向量的运算 ··· 77
3.2 矩阵 ·· 79
   3.2.1 矩阵的创建 ··· 79
   3.2.2 特殊矩阵的创建 ··· 82
   3.2.3 矩阵的操纵函数 ··· 90
   3.2.4 矩阵的引用 ··· 99
   3.2.5 矩阵的基本运算 ··· 101
   3.2.6 矩阵的高级运算 ··· 108
   3.2.7 求解线性方程组 ··· 112
3.3 多项式 ··· 116
   3.3.1 多项式的构造 ·· 116
   3.3.2 多项式的运算 ·· 117
3.4 复数和复数运算 ··· 120
   3.4.1 复数的表示 ··· 120
   3.4.2 复数相关运算函数 ·· 120
习题 ·· 122

第 4 章　MATLAB 符号运算 ……………………………………………… 123
4.1　符号运算概述 ……………………………………………………… 123
4.2　符号变量和符号表达式 ……………………………………………… 124
4.2.1　符号变量 ……………………………………………………… 124
4.2.2　符号表达式 …………………………………………………… 125
4.2.3　符号方程 ……………………………………………………… 126
4.2.4　sym 函数的其他应用 ………………………………………… 126
4.2.5　确定自变量 …………………………………………………… 127
4.3　符号的基本运算 …………………………………………………… 128
4.3.1　符号的加减乘除运算 ………………………………………… 128
4.3.2　符号的其他基本运算 ………………………………………… 129
4.4　符号运算函数 ……………………………………………………… 133
4.4.1　反函数 ………………………………………………………… 133
4.4.2　复合函数 ……………………………………………………… 134
4.4.3　求极限 ………………………………………………………… 135
4.4.4　微分 …………………………………………………………… 136
4.4.5　积分 …………………………………………………………… 137
4.4.6　级数求和 ……………………………………………………… 139
4.4.7　泰勒展开 ……………………………………………………… 139
4.4.8　方程求解 ……………………………………………………… 140
4.4.9　常微分方程求解 ……………………………………………… 141
4.5　符号矩阵的创建和运算 ……………………………………………… 142
4.5.1　符号矩阵的创建 ……………………………………………… 142
4.5.2　符号矩阵的运算 ……………………………………………… 143
习题 ……………………………………………………………………… 145

第 5 章　MATLAB 图形处理 ……………………………………………… 146
5.1　图形绘制概述 ……………………………………………………… 146
5.1.1　MATLAB 绘图基本步骤 ……………………………………… 146
5.1.2　创建图形窗口 ………………………………………………… 147
5.1.3　读取外部图像数据 …………………………………………… 148
5.1.4　图形绘制分类方法 …………………………………………… 149
5.2　二维绘图 …………………………………………………………… 149
5.2.1　二维图形基本绘图函数 ……………………………………… 150
5.2.2　直方图 ………………………………………………………… 151
5.2.3　柱状图 ………………………………………………………… 152
5.2.4　饼图 …………………………………………………………… 154
5.2.5　面积图 ………………………………………………………… 155
5.2.6　火柴杆图 ……………………………………………………… 155

5.2.7　阶梯图 …………………………………………………………… 156
　　5.2.8　等高线图 ………………………………………………………… 157
　　5.2.9　向量图 …………………………………………………………… 158
5.3　图形修饰 ………………………………………………………………… 159
　　5.3.1　获取鼠标所在位置 ……………………………………………… 159
　　5.3.2　图形格式的设置 ………………………………………………… 159
　　5.3.3　图形与坐标轴的删除 …………………………………………… 161
　　5.3.4　坐标轴定义和设置 ……………………………………………… 161
　　5.3.5　网格线设置 ……………………………………………………… 162
　　5.3.6　图例设置 ………………………………………………………… 163
　　5.3.7　文字及标题设置 ………………………………………………… 163
　　5.3.8　增加图形元素 …………………………………………………… 164
　　5.3.9　get 和 set 命令 …………………………………………………… 165
　　5.3.10　色图处理 ………………………………………………………… 166
5.4　三维绘图 ………………………………………………………………… 167
　　5.4.1　三维曲线基本绘图函数 ………………………………………… 167
　　5.4.2　三维网格曲面图 ………………………………………………… 168
　　5.4.3　三维曲面图 ……………………………………………………… 170
　　5.4.4　三维柱状图 ……………………………………………………… 171
　　5.4.5　三维饼图 ………………………………………………………… 171
　　5.4.6　三维火柴杆图 …………………………………………………… 172
　　5.4.7　圆柱体图 ………………………………………………………… 172
　　5.4.8　球面图 …………………………………………………………… 173
5.5　观察点设置 ……………………………………………………………… 174
5.6　坐标系绘图 ……………………………………………………………… 175
　　5.6.1　直角坐标系中绘图 ……………………………………………… 175
　　5.6.2　对数坐标系中绘图 ……………………………………………… 176
　　5.6.3　极坐标系中绘图 ………………………………………………… 177
　　5.6.4　双轴图 …………………………………………………………… 179
5.7　符号表达式绘图 ………………………………………………………… 180
　　5.7.1　ezplot 函数 ………………………………………………………… 180
　　5.7.2　fplot 函数 ………………………………………………………… 182
5.8　可视化编辑图形 ………………………………………………………… 182
5.9　工作空间中绘图 ………………………………………………………… 184
5.10　声音和动画 …………………………………………………………… 185
　　5.10.1　声音的处理 ……………………………………………………… 185
　　5.10.2　动画的处理 ……………………………………………………… 186
5.11　高维数据可视化 ……………………………………………………… 187

习题 ·· 189

第 6 章　用户图形界面设计 ·· 190
6.1　可视化界面环境 ·· 191
6.2　句柄图形 ·· 193
6.2.1　图形窗口对象 ··· 193
6.2.2　图形窗口属性 ··· 193
6.3　常用控件 ·· 194
6.3.1　常用控件介绍 ··· 194
6.3.2　常用控件的属性 ·· 195
6.3.3　获取与设置对象属性 ·· 196
6.4　常用对话框 ·· 197
6.5　菜单 ·· 206
6.5.1　GUIDE 的菜单编辑器 ··· 206
6.5.2　全程序代码实现菜单 ·· 207
6.6　GUI 程序实例 ··· 209
6.7　GUI 的使用经验与技巧 ·· 212
习题 ·· 214

第 7 章　工具箱 ··· 215
7.1　工具箱介绍 ·· 215
7.2　统计工具箱 ·· 217
7.2.1　概率分布 ·· 218
7.2.2　参数估计 ·· 220
7.2.3　描述统计 ·· 221
7.2.4　统计绘图 ·· 231
7.3　遗传算法工具箱 ·· 236
7.3.1　核心函数 ·· 236
7.3.2　遗传算法实例 1 ·· 238
7.3.3　遗传算法实例 2 ·· 238

参考文献 ·· 240

第1章 MATLAB概述

[本章要点]

- MATLAB语言发展历程和主要特点。
- MATLAB的软件平台介绍。

[本章知识点]

　　MATLAB软件平台和MATLAB语言，MATLAB软件环境以及设置方法，MATLAB搜索路径以及设置，MATLAB安装和激活方法。

1.1　MATLAB的产生与发展

　　MATLAB，意为"矩阵实验室"，取自矩阵（Matrix）和实验室（Laboratory）两个英文单词的前三个字母。MATLAB是以矩阵作为基本数据单元的程序设计语言，具有交互式的开发环境，提供了数值计算、符号计算和图形处理能力，是进行科学研究、数值分析和工程计算的得力工具。

　　MATLAB经过几十年的研究不断完善，现在已经成为了国际上最为流行的科学计算与工程计算软件工具之一。图1-1展示了MATLAB的发展历程。MATLAB已经发展成为一种具有广泛应用前景的高级编程语言。20世纪90年代以来，美国和欧洲的各个大学已将MATLAB列入研究生和本科生的教学计划，MATLAB已经成为应用代数、自动控制理论、数理统计、数字信号处理、时间序列分析、动态系统仿真等课程的教学工具，成为学生必须掌握的基本软件之一。在国内，MATLAB语言正逐步成为理工科大学学生的重要选修课程。同时，MATLAB还是机械、控制、经济、金融等领域的工作人员研究与开发的首选工具之一。

图1-1　MATLAB的发展历程

1.2 MATLAB 的主要特点和优势

MATLAB 在学术界和工程界备受推崇,其主要特点以及优势主要有如下几个方面。

1. 编程环境简单友好

MATLAB 采用的是图形用户界面,包括 MATLAB 主界面、命令窗口、历史命令窗口、编辑器、调试器、路径搜索、工作空间等。图形化的工具极大方便了用户的使用。

MATLAB 提供了完整的联机查询和帮助系统,人机交互更方便,操作更简单。MATLAB 还提供了比较完备的调试系统,程序不必经过编译就可以直接运行,而且能够及时地报告出现的错误并进行出错原因分析。

2. 编程语言简单易学

MATLAB 是一种高级程序设计语言,它包含控制语句、函数,输入输出和面向对象编程等特点。用户可以在命令窗口中直接输入语句执行命令,也可以在 M 文件中编写语句后一起运行。

MATLAB 语言基于 C++ 语言基础之上,语法特征与 C++ 十分相似,而且更加简单,更加符合数学表达式的书写格式,更有利于非计算机专业的学生和科技人员使用。

3. 科学计算和数据处理能力强大

MATLAB 包含了大量实用的函数,方便地实现用户所需要的各种计算功能。MATLAB 具有强大的矩阵数值计算功能,可以很方便地处理许多特殊矩阵,利用符号和函数可以对矩阵进行线性代数运算,适用于大型数值算法的编程实现,可以解决实际应用中的很多数学问题,尤其是与矩阵计算相关的问题。通常情况下,MATLAB 可以用来代替底层编程语言,如 C 和 C++。在计算要求相同的情况下,使用 MATLAB 编程的工作量能大大减少。

4. 图形处理功能出色

MATLAB 具有强大的绘图功能,具有很多绘图函数,可以绘制二维或三维图形,如线性图、条形图、饼图、散点图和直方图等;也可以绘制工程特性比较强的特殊图形,如玫瑰花图、极坐标图等;还可以绘制一些用于数据分析的图形,如矢量图、等值线图、曲面图、切片图等。使用 MATLAB 绘图时只需要调用不同的绘图函数,功能强大但是操作简单,极易掌握。

5. 丰富的工具箱和实用的程序接口

MATALB 对许多专门的领域都开发了功能强大的工具箱,包含数据采集、数据库接口、概率统计、样条拟合、优化算法、偏微分方程求解、神经网络、小波分析、信号处理、图像处理、系统辨识、控制系统设计、鲁棒控制、模型预测、模糊逻辑、金融分析、地图工具、非线性控制设计、实时快速原型及半实物仿真、嵌入式系统开发、定点仿真、DSP 与通信、电力系统仿真等。

用户可以定义自己的函数组成自己的工具箱，不仅可以直接调用，用户可以根据需要方便地建立或者扩充库函数，方便地解决本领域的计算问题。MATLAB 提供了与 C/C++ 语言以及一些应用程序（如 Excel）的接口，MATLAB 程序可以自动转换为独立于 MATLAB 运行的 C 和 C++ 代码，允许用户编写和 MATALB 进行交互的 C 或者 C++ 程序。另外，MATLAB 网页服务程序还允许在 Web 应用中使用自己的 MATLAB 数学和图形程序。

1.3　MATLAB 的系统构成

MATLAB 由 MATLAB 开发环境、MATLAB 数学函数库、MATLAB 语言、MATLAB 图形处理系统和 MATLAB 应用程序接口构成。

1. MATLAB 开发环境

MATLAB 的开发环境是一组实用工具。利用这些工具，用户可以使用 MATLAB 函数和文件。这些工具包括 MATLAB 桌面、命令窗口、历史命令窗口、工作空间、文件和搜索路径，以及帮助窗口。

2. MATLAB 数学函数库

MATLAB 数学函数库是一个巨大的算法库，包括从基本函数和复杂算法到更复杂的函数运算。

3. MATLAB 语言

MATLAB 是一门高级编程语言。它带有流程控制语句、函数、数据结构、输入/输出和面向对象编程的特点。用户既可以编写快速执行的小程序，也可以编写庞大的复杂应用程序。

4. MATLAB 图形处理系统

MATLAB 的图形处理系统，包括生成二维和三维图形、图像处理以及动画的命令，还包括用户自定制图形显示，以及在 MATLAB 应用程序中创建完整的图形用户接口的低级命令。

5. MATLAB 应用程序接口

MATLAB 应用程序接口（API）是一个用户编写与 MATLAB 接口的 C 语言和 Fortran 语言程序的函数库，包括从 MATLAB 中调用指令和读写 MATLAB 文件的程序。

1.4 MATLAB 的工具箱

MATLAB 的工具箱，用于解决不同领域的专业问题，这些工具箱通常以 M 文件和高级 MATLAB 语言的集合形式出现。MATLAB 允许用户修改函数的源代码或者增加新的函数来适应自己的应用。用户可以方便地定制针对某个问题的解决方案。

MATLAB 的工具箱数目很大，Mathworks 公司每年都会开发新的工具箱。在一般情况下，工具箱列表是年年变化的。本节只简单介绍每个工具箱的用途，如果需要某个工具箱，请查阅其相关资料或者随软件附带的说明书。下面，将常用工具箱做一下简要的介绍，表 1-1 列出了常用工具箱（本书第 7 章简要介绍了 MATLAB 中常用的工具箱以及工具箱的使用方法）。

表 1-1 MATLAB 常用工具箱

工具箱名称	工具箱使用说明
Communications（通信系统工具箱）	创建并分析通信系统
Control System（控制系统工具箱）	创建并分析反馈式控制系统
Curve Fitting（曲线拟合工具箱）	进行曲线模型的数据拟合与分析
Data Acquisition（数据采集工具箱）	由数据采集卡进行数据采集与处理
Financial（金融工具箱）	金融数据模型分析，研究金融分析算法
Fuzzy Logical（模糊逻辑工具箱）	模糊逻辑系统的设计与仿真分析
Image Processing（图像工具箱）	进行图像处理、分析及其算法研究
Instrument Control（仪表工具箱）	测试仪表的控制与通信
LMI Control（LMI 控制工具箱）	基于优化技术的鲁棒控制器设计
Link for Composer Studio（代码创作室工具箱）	基于 MATLAB 与 RTDX 的 Texas 数字信号处理器
Mapping（制图工具箱）	信息分析及图形的可视化
Model Predictive Comtrol（模型预测工具箱）	约束条件下的大型多变量问题的控制分析
Mu-Analysis and Symthesis（Mu 分解与合成工具箱）	不确定模型体系中多变量反馈式控制器的创建
Neural Network（神经网络工具箱）	神经网络的设计与模拟
Partial Differential Equation（偏微分方程工具箱）	研究与分析偏微分方程
Optimization（优化工具箱）	解决一般大规模优化问题
Robust Control（鲁棒工具箱）	多变量反馈式鲁棒控制系统的设计
Signal Processing（信号处理工具箱）	信号处理、分析及其算法实现研究
Spline（样条工具箱）	数据样条逼近的创建与处理
Statistics（统计工具箱）	概率模型与数据统计分析
Symbolic Math（符号数学工具箱）	使用符号数学与变量精度控制算法进行计算

续表

工具箱名称	工具箱使用说明
System Identification(系统辨识工具箱)	根据测得数据创建线性动力模型
Virtual Reality(虚拟现实工具箱)	基于MATLAB与仿真技术的虚拟现实创建与处理
Wavelet(小波工具箱)	使用小波分析技术进行信号分析、压缩和去噪处理

这些工具箱涵盖了科研计算的方方面面,为用户提供完整的解决方案。需要指出的是,除了MATLAB本身所提供的工具箱之外,其他的公司和个人也发布了各种各样的工具箱,我们自己也可以根据需要开发自定义的工具箱。

总的来说,这些工具箱大致可以分为两大类:功能型工具箱和领域型工具箱。功能型工具箱主要用来扩充MATLAB的符号计算功能、可视化建模仿真功能、文字处理功能以及与硬件实时交互功能;领域型工具箱的专业性很强,是面向专业领域的工具箱,包括:控制工具箱、信号处理工具箱和通信工具箱等。用户除了可以使用随MATLAB版本所附带的大量工具箱之外,还可以使用MATLAB提供的很多免费工具箱。用户要想了解工具箱的最新信息,可以到Mathworks公司的相关网页http://www.mathworks.com/products上查找有关信息。

1.5 MATLAB软件环境

MATLAB 2011a于2011年4月正式发布,新版本涵盖MATLAB 7.12、Simulink 8、新产品Simulink Design Verifier、Link for Analog Devices Visual DSP以及83个产品模块的更新升级及Bug修订。

1.5.1 MATLAB的安装和激活

MATLAB R2011a(MATLAB7.12)的安装平台如下:

- Windows XP
- Windows 7(32位/64位)
- Linux
- Sun Solaris
- HP UX
- Mac OS

MATLAB R2011a的安装与激活过程与之前版本的安装过程基本相同。MATLAB R2011a的安装和激活步骤如下:

(1) 将MATLAB的安装盘放入CD-ROM驱动器,系统自动运行程序,进入如图1-2所示的初始安装界面。

图1-2 初始安装界面

(2) 启动安装程序后显示如图 1-3 所示的 Mathworks Installer 对话框。选中 Install without using the Internet 单击按钮，再单击 Next 按钮。

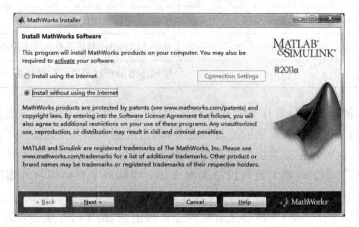

图 1-3　Mathworks Installer 对话框

　　(3) 弹出如图 1-4 所示的 License Agreement(查看软件注册协议)对话框，若同意 Mathworks 公司的安装许可协议，则选中 Yes 单选按钮，再单击 Next 按钮。

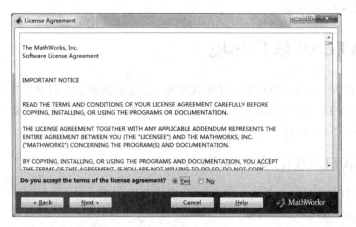

图 1-4　License Agreement 对话框

　　(4) 弹出如图 1-5 所示的 File Installation Key 对话框，在文本框中输入软件提供的密钥，单击 Next 按钮。

　　(5) 若输入正确的密钥，系统将弹出如图 1-6 所示的 Installation Type 对话框，可以选择 Typical 或 Custom 安装类型。如果选择 Typical，Matlab 将默认安装所有工具箱以及组件，此时所需 6GB 左右的空间。

　　(6) 默认路径为 C:\Program Files\MATLAB\R2011a。用户可以通过单击 Browser 按钮选择其他安装文件夹，如果是新建文件夹，安装程序将自动建立该文件夹。用户也可以通过单击 Restore Default Folder 按钮恢复为系统默认的安装文件夹。此时 Folder Selection 对话框的下部将显示安装硬盘剩余空间及软件安装所需空间大小，如图 1-7 所示，再单击 Next 按钮。

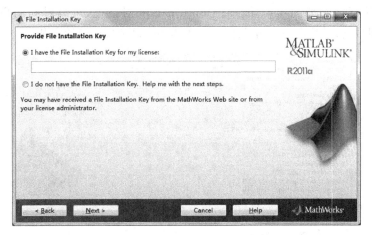

图 1-5　File Installation Key 对话框

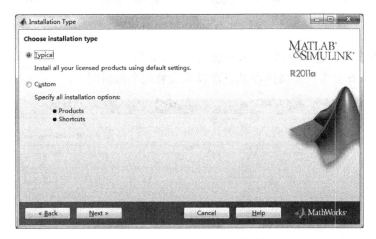

图 1-6　Installation Type 对话框

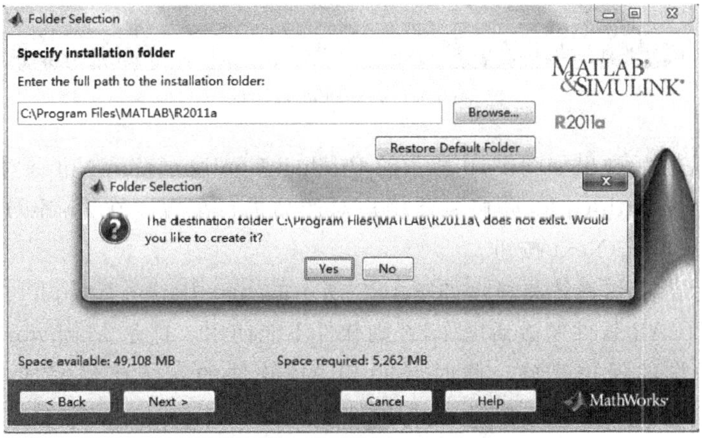

图 1-7　Folder Selection 对话框

（7）系统将弹出如图1-8所示的Confirmation对话框，可以看到用户默认安装的MATLAB组件、安装文件夹等相关信息。单击Install按钮，开始安装。

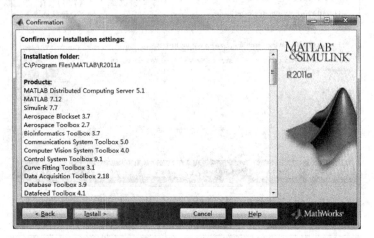

图1-8　Confirmation对话框

（8）软件在安装过程中，将显示安装进度条，如图1-9所示，在用户等待产品组件安装的同时，可以查看正在安装的产品组件以及安装剩余的时间。

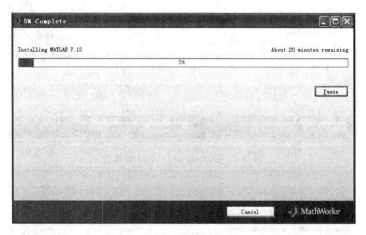

图1-9　安装进度对话框

（9）安装完成后弹出如图1-10所示的Product Configuration Notes对话框。在安装完产品组件之后，Mathworks公司需要用户对产品进行配置。在Product Configuration Notes对话框中，单击Next按钮。

（10）安装结束后，系统将显示如图1-11所示的Installation Complete对话框。用户需要进行MATLAB软件的激活操作，否则软件不能使用。这是Mathworks公司为了保护知识产权增设的保护措施。此时，MATLAB软件的安装已经完成，选中Activate MATLAB复选框，单击Next按钮，进行软件激活。

（11）系统弹出如图1-12所示的Mathworks Software Activation对话框，用户可以选择Activate automatically using the Internet(recommended)方式，也可以选择Activate

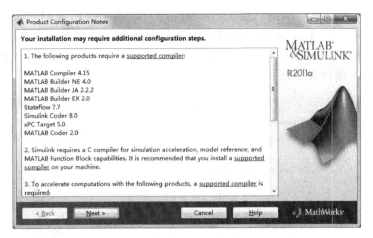

图 1-10　Product Configuration Notes 对话框

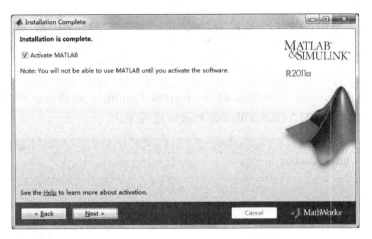

图 1-11　Installation Complete 对话框

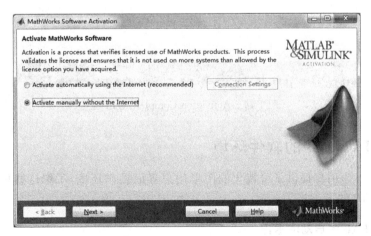

图 1-12　Mathworks Software Activation 对话框

manually without the Internet 方式。如果用户要离线激活文件,则单击 Activate manually without the Internet 单选按钮,再单击 Next 按钮。

(12) 系统弹出如图 1-13 所示的 Offline Activation 对话框,用户选择离线激活许可文件,单击 Next 按钮。

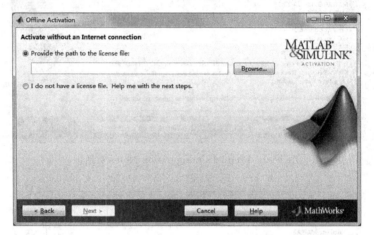

图 1-13　Offline Activation 对话框

(13) 系统弹出如图 1-14 所示的 Activation Complete 对话框。单击对话框中的 Finish 按钮即可,就此 MATLAB 的安装和激活过程完成。

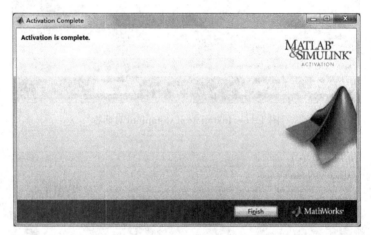

图 1-14　Activation Complete 对话框

1.5.2　MATLAB 的软件环境

MATLAB 为用户提供了可视化的图形用户界面操作环境,了解这些操作环境是使用好 MATLAB 的第一步。

1. MATLAB 的启动和退出

进入 Windows 操作系统后,选择"开始"→"程序"→MATLAB R2011a,或者在桌面上双击 MATLAB 的快捷方式图标"👤"，便可进入如图 1-15 所示的 MATLAB 主窗口。

图 1-15　MATLAB 主窗口

在启动 MATLAB 后，MATLAB 主窗口中的命令窗口 Command Window 中将显示提示符"≫"，该提示符表示 MATLAB 环境已经准备好等待用户输入命令了，此时，用户就可以在提示符"≫"后输入命令，按下 Enter 键之后，MATLAB 就会解释执行用户所输入的命令，并在命令之后给出计算结果。(如果在输入命令以后以分号结束，则按 Enter 键后不会显示结果。)

退出 MATLAB 系统的方式有以下三种：
(1) 选择"文件(File)"→Exit MATLAB 命令。
(2) 在命令窗口中输入命令"Quit"。
(3) 单击窗口右上角的关闭按钮 ❎。

2. MATLAB 的主窗口

MATLAB 的主窗口中包含了标题栏、主菜单、工具栏、命令窗口、历史命令窗口、当前文件夹窗口、工作空间窗口等主要的窗口。另外，MATLAB 还提供了强大的文件管理和在线帮助功能。

- 标题栏：用户可以在标题栏中看到 MATLAB 的软件名以及版本信息。
- 主菜单：主菜单中包含了 MATLAB 软件提供给用户的所有功能。
- 工具栏：工具栏是 MATLAB 常用功能的快捷接口。
- 命令窗口：MATLAB 的命令通过命令窗口执行，计算结果显示在命令窗口中。
- 历史命令窗口：保存命令的历史记录，用户可以方便快捷地重新执行命令。
- 当前文件夹窗口：设置了当前 MATLAB 环境的工作文件夹，用户可以自定义。
- 工作空间窗口：工作空间中维护了当前 MATLAB 环境中的所有变量。
- 文件管理：文件管理命令对 MATLAB 文件进行管理等操作。
- 在线帮助：MATLAB 提供了强大的在线帮助，给用户提供实用的参考。

下面主要介绍 MATLAB 的主菜单、MATLAB 命令窗口、MATLAB 历史命令窗口、

MATLAB 工作空间窗口、MATLAB 当前文件夹窗口、MATLAB 搜索路径、MATLAB 文件管理和 MATLAB 在线帮助等重要的功能。

3. MATLAB 主菜单及功能

(1) File 菜单项

单击 File 主菜单项或同时按下 Alt+F 键,弹出如图 1-16 所示的 File 下拉菜单。下面是 File 菜单中各项的简单介绍。

New:用于建立新的 M 文件(命令文件和函数文件)、类、图形窗口、变量模型和图形用户界面等。

Open:用于打开 MATLAB 的 M 文件、fig 文件、mat 文件、mdl 文件、cdr 文件等。

Close Command Window:关闭命令窗口。

Import Data:用于从其他文件导入数据,单击后弹出对话框,选择导入文件的路径和位置。

Save Workspace As:用于把工作空间的数据存放到相应的路径文件中。

Set Path:设置工作路径。

Preferences:设置命令窗口的属性,单击后在弹出的对话框中可以设置相关的属性。

Page Setup:设置页面。

Print:设置打印属性。

Print Selection:对选择的文件数据设置打印属性。

Exit MATLAB:退出 MATLAB。

(2) Edit 菜单项

单击 Edit 主菜单项或者同时按下 Alt+E 键,弹出如图 1-17 所示的 Edit 下拉菜单。

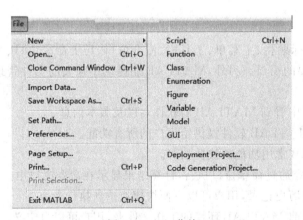

图 1-16 File 菜单

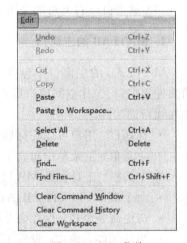

图 1-17 Edit 菜单

各项简介如下:

Undo:撤销上一步操作。

Redo:重新执行上一步操作。

Cut：剪切选中的对象。

Copy：复制选中的对象。

Paste：粘贴剪贴板上的内容。

Paste to Workspace：向工作空间中粘贴。

Select All：全部选择。

Delete：删除所选择的对象。

Find：查找所需的对象。

Find Files：查找所需文件。

Clear Command Window：清除命令窗口的对象。

Clear Command History：清除命令的历史记录。

Clear Workspace：清除工作区的对象。

（3）Debug 菜单项

单击 Debug 主菜单项或者同时按下 Alt＋B 键，弹出如图 1-18 所示的 Debug 下拉菜单。

各项简介如下：

Open Files when Debugging：调试时打开 M 文件。

Step：单步调试程序。

Step In：单步调试进入子程序。

Step Out：单步调试从子函数中跳出。

Continue：程序执行到下一个断点。

Clear Breakpoints in All Files：清除所有打开文件中的断点。

Stop if Errors/Warnings：程序出错或报警处停止往下执行。

Exit Debug Mode：退出调试模式。

（4）Parallel 菜单项

单击 Parallel 主菜单项或者同时按下 Alt＋P 键，弹出如图 1-19 所示的 Parallel 下拉菜单。

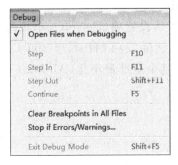

图 1-18 Debug 菜单

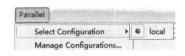

图 1-19 Parallel 菜单

各项简介如下：

Select Configuration：选择配置项。

Manage Configuration：管理配置项。

（5）Desktop 菜单项

单击 Desktop 主菜单项或者同时按下 Alt＋D 键，弹出如图 1-20 所示的 Desktop 下拉菜单。

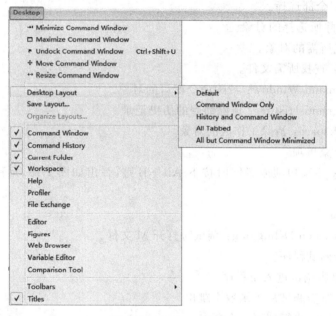

图 1-20 Desktop 菜单

各项简介如下：

Minimize Command Window：最小化命令窗口。

Maximize Command Window：最大化命令窗口。

Undock Command Window：全屏显示命令窗口，并设为当前活动窗口。

Move Command Window：移动命令窗口。

Resize Command Window：重设命令窗口的大小。

Desktop Layout：设置工作区，设置选项包括：默认设置项（Default）、单独命令窗口项（Command Window Only）、命令历史窗口和命令窗口项（History and Command Window）、全部标签项（All Tabbed）和除了命令窗口其余全部最小化（All but Command Window Minimized）。

Save Layout：保存选定的工作区设置。

Organize Layouts：管理保存的工作区设置。

Command Window：显示命令窗口。

Command History：显示命令历史窗口。

Current Directory：显示当前路径窗口。

Workspace：显示工作窗口。

Help：显示帮助窗口。

Profiler：显示轮廓图窗口。

File Exchanged：文件转换。

Editor：编辑器窗口。

figures：图形窗口。

Web Browser：Web 浏览器。

Variable Editor：变量编辑器。

Comparison Tool：比较工具。

Toolbars：显示或隐藏工具栏，用户可以自定义工具栏。

Titles：显示或隐藏各个窗口的标题栏。

(6) Window 菜单项

单击 Window 主菜单项或者同时按下 Alt＋W 组合键，弹出如图 1-21 所示的 Window 下拉菜单。

各项简介如下：

Close All Documents：关闭所有文档。

Next Tool：下一个工具。

Previous Tool：上一个工具。

Next Tab：下一个标签页。

Previous Tab：上一个标签页。

0 Command Window：选定命令窗口为当前活动窗口。

1 Command History：选定命令历史窗口为当前活动窗口。

2 Current Folder：选定当前文件夹窗口为当前活动窗口。

3 Workspace：选定工作空间窗口为当前活动窗口。

(7) Help 菜单项

单击 Help 主菜单项或者同时按下 Alt＋H 键，弹出如图 1-22 所示的 Help 下拉菜单。

图 1-21 Window 菜单

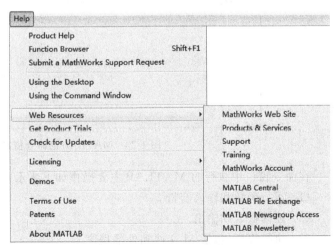

图 1-22 Help 菜单

各项简介如下：

Product Help：显示所有 MATLAB 产品的帮助信息。

Function Browser：函数速查窗口。

Submit a MathWorks Support Request：提交 MathWorks 支持需求。

Using the Desktop：启动 Desktop 的帮助窗口。

Using the Command Window：启动命令窗口的帮助。

Web Resources：显示 Internet 上相关的资源网址。

Get Product Trials：获取产品试用。

Check for Updates：检查软件是否更新。

Licensing：对 License 的管理功能。

Demos：调出 MATLAB 提供的例程。

Terms of Use：License 说明文件。

Patents：专利信息。

About MATLAB：显示有关 MATLAB 的版本信息等。

4. MATLAB 命令窗口

MATLAB 命令窗口如图 1-23 所示，用于 MATLAB 命令的输入，具有两个功能：

（1）用户通过该窗口输入命令和数据。

（2）用户通过该窗口看到命令执行的结果。

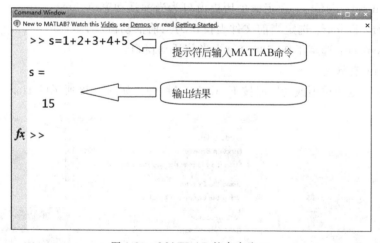

图 1-23　MATLAB 的命令窗口

在命令窗口中执行的 MATLAB 主要操作如下所示：

（1）运行函数和输入变量。

（2）控制输入和输出。

（3）执行程序，包括 M 文件和外部程序。

（4）保存日志。

（5）打开或关闭其他应用窗口以及各应用窗口的参数选择。

在命令窗口中，用户可以在">>"命令提示符后直接输入命令，命令的执行结果也显示在窗口中。MATLAB 对窗口中的命令逐行解释执行，如果有多条命令，可以逐行输入，也可以在同一行里输入多条命令（命令之间用逗号隔开）。一行命令太长无法在窗口一次输完时，可以使用"…"续行。

常用的窗口操作命令如下：

clear：清除工作空间变量。

clear all：清除工作空间的所有变量和函数。

clear 变量名：清除指定的变量。

clc：清除命令窗口的内容但不清除工作空间变量。

clf：清除当前图形窗口的内容。

delete <文件名>：删除指定文件。

help <命令名>：查询所列命令的帮助信息。

which <文件名>：查找指定文件的路径。

who：显示当前工作空间中所有变量的一个简单列表。

whos：列出变量的大小、数据格式等详细信息。

what：列出当前目录下的 M 文件和 mat 文件。

load filename：载入文件中的所有变量到工作空间。

load filename x y：载入文件中的变量 x,y 到工作空间。

save filename：保存工作空间中的变量到文件中。

save filename x y：保存工作空间中的变量 x,y 到文件中。

pack：整理工作空间内存。

size：显示当前工作空间中变量的维度。

length：显示当前工作空间中变量的长度。

disp：显示当前工作空间中的变量。

上箭头：调用上一行命令。

下箭头：调用下一行命令。

左箭头：左移一格。

右箭头：右移一格。

Home：光标移到行首。

End：光标移到行尾。

Esc：清除一行。

Del：清除光标后的字符。

Backspace：清除光标前的字符。

Ctrl+K：清除光标至行尾。

Ctrl+C：中断程序运行。

…：续行符。

例 1-1 计算式子"1+2+3+4+5"的值。观察分号和续行符的使用方法以及 ans 变量的用法。

```
%例 1-1
>>1+2+3+4+5              %计算"1+2+3+4+5"的值
ans=                     %变量 ans 保存计算结果,并将计算结果输出在命令窗口
    15
>>1+2+3+4+5;             %使用了分号后,计算结果不在命令窗口输出
>>1+2+3+4…               %使用了续行符"…",
+5                       %注意,续行符前必须加空格
ans=
    15
```

例 1-2　一个半径 $r=5$ 的圆,计算其面积 area 的值。

```
%例 1-2
>>r=5;                   %指定半径 r 的值,分号确保赋值后无需在命令窗口显示 r 的值
>>area=pi*r^2            %计算圆面积,pi 是圆周率常数
area=                    %area 是面积变量,保存计算结果
    78.5398
```

例 1-3　disp 屏幕输出函数。

```
%例 1-3
>>disp('the area is: '); disp(area);      %屏幕输出字符串和变量的值
the area is:
    78.5398
%输出超链接
>>disp('<a href="http://www.mathworks.com">The MATLAB Site</a>')
The MATLAB Site                           %Mathworks 公司的超链接
```

5. MATLAB 历史命令窗口

MATLAB 的命令历史窗口如图 1-24 所示。

命令历史窗口记录用户在命令窗口中输入过的所有命令。用户可以双击任何一个命令来重复执行该命令一次。用户选中该窗口中的任何一个命令后,单击鼠标右键,在弹出的快捷菜单中,可以选择以下常用项:

Cut:剪切历史命令。

Copy:拷贝历史命令。

Evaluate Selection:执行选中的历史命令。

Create Script:创建脚本文件(即 MATLAB 的命令文件)。

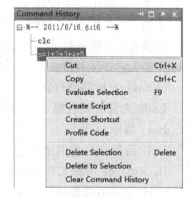

图 1-24　MATLAB 的命令历史窗口

Create Shortcut:创建快捷键。

Profile Code:Profile 代码。

Delete Selection:删除选择的历史命令。

Delete to Selection:删除所选命令之前的所有历史命令。

Clear Command History：清除命令历史窗口中的所有历史命令。

6. MATLAB 工作空间窗口

MATLAB 的工作空间窗口也称为内存空间浏览器，它保存了命令窗口所使用过的全部变量，可以通过工作空间窗口对内存变量进行操作。在工作空间窗口，单击窗口中的内存变量，可以对其进行复制、删除等操作。内存空间中的变量在执行 clear 命令后将被清除。

当 MATLAB 启动后，系统会自动建立一个工作空间，只包含系统所提供的一些特殊变量，如 pi、eps、nan、i 等，以后会逐渐增加一些用户自定义的变量，如果不运行清除命令来删除变量，这些变量会一直存在下去，直到用户关闭 MATLAB 系统，释放工作空间后变量才会消失。

工作空间中的工具条如图 1-25 所示，简单介绍如下。

增加新变量◫：在工作空间中增加一个新变量，并可对此变量进行赋值、修改等操作。

打开选定的变量◫：在工作空间中选定的变量在矩阵编辑器（Array Editor）中打开，可对此变量进行修改等操作。

导入文件◫：将 MATLAB 支持格式的文件导入到工作空间中。

将变量保存为文件◫：将工作空间中选定的变量以文件的形式保存起来。

删除变量◫：将工作空间中选定的变量删除。

将变量绘制成图形◫：将工作空间中选定的变量绘制成图形，支持的绘图函数有 plot、bar、stem、stairs、area、pie、hist 和 plot3 等，如图 1-26 所示。

图 1-25　MATLAB 的工作空间窗口

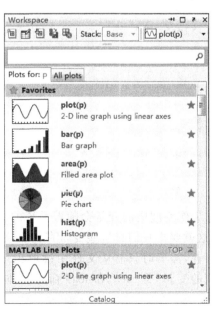

图 1-26　Workspace 中支持的绘图函数

例 1-4 用 who 和 whos 查询变量信息。观察 Workspace 窗口的变化。

```
%例 1-4
>>who
Your variables are:
ans  area  r
>>whos
  Name     Size       Bytes  Class      Attributes
  ans      1x1        8      double
  area     1x1        8      double
  r        1x1        8      double
```

例 1-5 clear 清除变量，clc 清除命令窗口的所有内容。观察 Workspace 窗口的变化。

```
%例 1-5
>>clear r              %清除工作空间中指定的变量 r
>>clear                %清除工作空间中的所有变量
>>clear all            %清除工作空间的所有变量、全局变量等
>>clc                  %清除命令窗口的所有内容
```

例 1-6 执行 size、length 等命令。观察命令的执行结果以及工作空间的变化。

```
%例 1-6
>>s=[1 2 3 4 5];       %定义了一个行向量
>>size(s)              %获取 s 的维度信息
ans=
     1     5
>>length(s)            %获取 s 的长度信息
ans=
     5
>>p='helloworld';      %定义了一个字符串变量
>>size(p)              %获取 p 的维度信息
ans=
     1    10
>>length(p)            %获取 p 的长度信息
ans=
    10
```

工作空间中的变量会随着系统的关闭而被释放，而有些计算非常复杂无法一次完成，这就要求我们将这些变量存储在文件中，这样，即使关闭了 MATLAB，这些变量依旧存在，需要时只需从文件中读取出来即可。MATLAB 提供了两个命令来存取工作空间的变量，即 save 和 load 命令。本书将在第 2.2.5 小节中详细介绍下面这两个命令。

save：将 MATLAB 工作空间中的变量存入文件。
load：将文件读入到 MATLAB 的工作空间。

7. MATLAB 的当前文件夹窗口

MATLAB 文件的打开与保存等操作，默认地址位于 MATLAB 默认的当前文件夹 (Current Folder) 路径下。MATLAB 的早期版本中也称该文件夹为当前目录 (Current Directory)。MATLAB 默认的当前文件夹路径为 C：\My Documents\MATLAB(C 为 MATLAB 的安装盘符)。默认的当前文件夹窗口如图 1-27 所示。

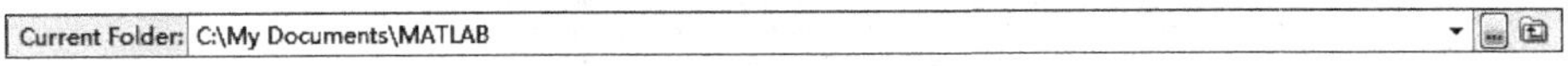

```
Current Folder: C:\My Documents\MATLAB
```

图 1-27　当前文件夹

用户可以自定义目录设置为当前文件夹。方法如下：

(1) 在目录浏览器中直接输入自定义的文件夹路径；或单击目录浏览器右边的按钮 ⋯ 来选择自定义的文件夹。

(2) 在命令窗口中用命令设置。输入如下的命令：

```
>>mkdir C:\MyMatlabFile        %在 C 盘下创建自定义文件夹
>>cd C:\MyMatlabFile           %设置该文件夹为当前文件夹
```

8. MATLAB 的搜索路径

MATLAB 的所有文件都放在目录里。MATALB 把这些目录按照优先级设计为搜索路径上的节点。MATLAB 在工作时，沿着搜索路径从各个目录上寻找所需要的变量、文件、函数和数据。

当用户在命令窗口中提示符后输入一串字符后，MATLAB 对该串字符的基本搜索过程如下：

- 是否为内存变量。如果是则输出信息，否则，进行下一步判断；
- 是否为内建函数。如果是则输出信息，否则，进行下一步判断；
- 是否为当前目录上的 M 文件。如果是则输出信息，否则，进行下一步判断；
- 是否为 MATLAB 路径上其他目录的 M 文件。如果在搜索路径上存在同名函数，则 MATLAB 仅发现搜索路径中的第一个函数，而其他同名函数不被执行。

另外，在命令窗口中执行以下命令后，可对当前的搜索路径进行相关操作。

Path：显示当前搜索路径。

Path 路径名：设置当前的搜索路径，以前的搜索路径无效。

addpath 路径名：添加目录到当前搜索路径。

rmpath 路径名：删除当前搜索路径中的指定路径。

pathtool：打开 Set Path(路径设置)对话框。

单击 File 菜单下的 Set Path 项，可以打开 Set Path 路径设置对话框，如图 1-28 所示，设置搜索路径。

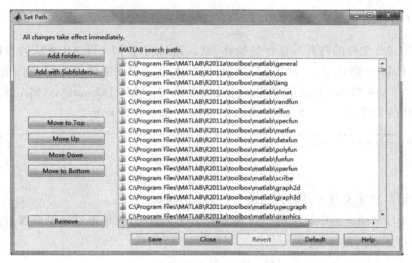

图 1-28　设置路径对话框

9. MATLAB 文件管理

MATLAB 提供了一组文件管理命令，能够对 MATLAB 的文件进行相关的管理功能：如列出文件名、显示或删除文件、显示或改变当前目录等。

what：显示当前目录与 MATLAB 相关的文件及路径。
dir：显示当前目录下所有的文件。
which：显示某个文件/目录/变量的路径。
cd path：设置 path 指定的目录为当前文件夹。
mk dir：创建新目录，目录的路径和目录名由 dir 指定。
type filename：在命令窗口中显示文件 filename 的内容。
delete filename：删除文件 filename。
cd..：返回上一级目录。
cd：显示当前文件夹。

例 1-7　用 which 查找指定文件的路径。用 what 列出当前文件夹下的 M 文件和 mat 文件。

```
%例 1-7
>>which area                    %查询指定变量 area
area is a variable.
>>which exam1_7                 %查询指定 M 文件的路径
C:\My Documents\MATLAB\exam1_7.m %不同机器的值可能不同
>>what                          %列出当前文件夹下的 M 文件和 mat 文件
                                %当前文件夹设置的路径，不同机器上的值可能不同
M-files in the current directory C:\My Documents\MATLAB
exam1_1    exam1_2    exam1_3    exam1_4
exam1_5    exam1_6    exam1_7
```

10. MATLAB 帮助系统

MATLAB 为用户提供了强大的在线帮助功能，用户可以在工作空间内直接输入帮助命令以获得在线帮助，或者通过可视化界面的菜单命令得到帮助。

1) 通过菜单的帮助命令查看帮助

(1) MATLAB Help 帮助窗口

单击菜单 Help 下 Product Help 项，显示如图 1-29 所示的 Help 窗口。用户可以通过单击相应的主题，查看详细帮助信息。

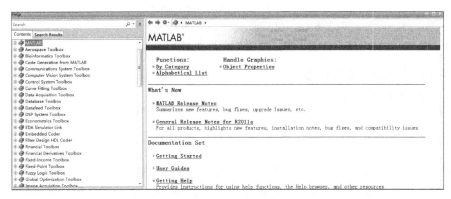

图 1-29 Help 窗口

用户可以单击菜单 Help 下的 Demos 项，在帮助窗口中，列出了 MATLAB 的丰富示例，如图 1-30 所示。用户可以参考这些示例编写相关的代码。

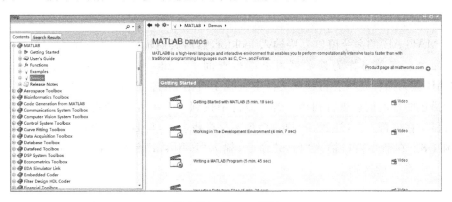

图 1-30 Demos 窗口

(2) 工作台帮助窗口

工作台 Desktop 是 MATLAB 提供的 HTML 格式的帮助。有以下两种方式可以打开如图 1-31 所示的帮助工作台。

- 单击菜单 Help 中的 Using the Desktop 项。
- 在命令窗口中直接输入命令：

```
>>helpdesk
```

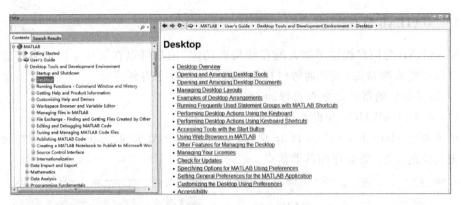

图 1-31　Desktop 帮助窗口

2）通过命令函数查看帮助

（1）"函数命令"help

调用格式：

```
help,help funcname
```

在 MATLAB 的命令窗口中直接输入 help，然后其后输入所要查询的 MATLAB 函数名或命令名等信息作为参数就可以进行查询了。funcname 可以是命令名、函数名或目录名。如果是目录名，则显示指定目录的索引清单。

（2）"函数命令"lookfor

调用格式：

```
lookfor info
```

在 MATLAB 的命令窗口直接输入 lookfor，然后其后输入所要查询的 MATLAB 函数名或者命令名等信息作为参数就可以进行查询了。info 可以是任意字符串。系统按照 MATLAB 搜索路径在所有目录和文件中查找字符串 info。它对每个文件首部注释行的第一行所描述的帮助信息进行扫描。若在该行中找到字符串 info，则将其所在的文件名以及所在行显示在屏幕上。（注意，lookfor 命令不是查找名字，与 help 命令的查找源不同。）

例 1-8　在命令窗口输入"help"命令；输入"help sin"命令；输入"lookfor sin"命令。观察这三个命令的区别。

```
%例 1-8
>>help
>>help sin
>>lookfor sin
```

[精通和提高]

1. MATLAB R2011a 版本的新特性

MATLAB 2011a 于 2011 年 4 月正式发布，MathWorks 公司正式发布了 MATLAB

R2011a,新版本涵盖：MATLAB 7.12、Simulink 8、新产品 Simulink Design Verifier、Link for Analog Devices VisualDSP 以及 83 个产品模块的更新升级及 Bug 修订。MathWorks 公司每年进行两次产品发布,时间分别在每年的 3 月和 9 月,而且,每一次发布都会包含所有的产品模块,如产品的新特性、Bug 的修正和新产品模块的推出。在 R2011a 中,主要更新了多个产品模块,增加了多达 350 个新特性,还增加了对 64 位 Windows 的支持,并新推出了.net 工具箱。

读者想多了解 MATLAB 新版本的特性,请关注 MathWorks 公司官网 www.mathworks.com 发布的最新版本特性或在 MATLAB 的 Help 窗口中的 General Release Notes for R2011a 栏中获取最新版本发布的信息。

2. 推荐几个实用的网站

- Mathworks 公司官网 www.mathworks.com：用户可在官网上得到第一手的最新资料。
- MATLAB 论坛 www.ilovematlab.com：国内知名 MATLAB 学术论坛。

[实用技巧]

【技巧 1-1】 安装完 MATLAB 软件后,调用 MATLAB 的 matlabroot 命令获得软件安装的相关信息。

操作技巧：

```
%查看 MATLAB 的安装路径
%调用 matlabroot 命令获得 MATLAB 的安装路径
>>installpath=matlabroot
installpath =
C:\Program Files\MATLAB\R2011a
%将 MATLAB 的安装目录设置为当前文件夹
>>cd(matlabroot)
```

【技巧 1-2】 启动目录的设置。

操作技巧：

启动目录是指 MATLAB 启动时的当前文件夹。一般将启动目录设置成用户习惯使用的、常用的文件夹。MATLAB 默认的启动目录为 C:\My Documents\MATLAB。用户可以自定义设置启动目录。设置方法如下：

方法 1：右击桌面上 MATLAB 软件的快捷方式图标,在弹出的快捷菜单上选择"属性"项,在弹出的 MATLAB 属性对话框中,将"起始位置"的属性值改为用户自定义的路径,如 D:\My Documents\MATLAB。

方法 2：使用 userpath 函数。可以通过 userpath 命令来设置启动目录。

```
%设置启动目录
>>userpath("D:\My Documents\MATLAB")
%将启动目录返回到默认位置
```

```
>>userpath('reset')
```

【技巧1-3】 MATLAB环境中字体的设置。

操作技巧：

MATLAB中的命令窗口、历史命令窗口等窗口，可以设置特定需求的字体。设置步骤如下：

(1) 单击菜单File中的Preferences项，弹出Preferences对话框；或者在命令窗口中输入命令"Preferences"，按Eenter键后即可弹出Preferences对话框；或者在工具栏中找到Preferences项的图标，单击后即可弹出Preferences对话框。

(2) 在Preferences对话框中的树形结构中，找到Fonts项。Fonts项对应了两个选项：Desktop code font(桌面代码字体)和Desktop text font(桌面文本字体)。用户可以更改相应的属性值来设置字体。

(3) 选中Fonts项的子项Custom项，即可在右侧找到相应的命令窗口、历史命令窗口和编辑器窗口等设置自定义的字体属性。

习题

1. 简述MATLAB R2011a的新特性。
2. 简述MATLAB的安装和激活过程。
3. 简述工作空间的作用。
4. 简述搜索路径的设置方法。
5. 简述Help窗口的使用方法。

第 2 章 MATLAB程序设计基础

[本章要点]

- MATLAB 常量与变量。
- MATLAB 中的数组的创建与引用。
- MATLAB 的算术运算符、关系运算符、逻辑运算符。
- MATLAB 的程序结构(顺序、分支和循环结构)。
- MATLAB 中 M 文件(命令文件和函数文件)创建与调用。
- MATLAB 中 M 文件的调试。

[本章知识点]

MATLAB 中的常量与变量、数组(一维数组、二维数组、多维数组)、算术运算符、关系运算符、逻辑运算符、顺序结构、分支结构、循环结构、M 文件(命令文件和函数文件)、M 文件的调试。

2.1 MATLAB 的特殊常量

MATLAB 中的特殊的固定变量称为常量。这些常量具有特殊的意义。表 2-1 列出了 MATLAB 语言中常用的特殊常量。

表 2-1 MATLAB 中的特殊常量

常量名	常量值	常量名	常量值
ans	用于保存运算结果	toc	秒表停止
pi	圆周率 π 3.141592653…	i 或 j	虚数单位,定义为 $\sqrt{-1}$
inf	无穷大,如 1/0	realmax	最大的正实数
eps	系统运算时所确定的最小值	realmin	最小的正实数
NaN 或 nan	不定量 Not a Number,如 0/0	nargin	函数实际输入参数个数
tic	秒表开始执行	nargout	函数实际输出参数个数

2.2 MATLAB 的变量

变量是给内存中的值(数值、字符串、数组)指定的标识。在 MATLAB 中,变量用来读取值,并且进行运算,最后再存入内存。变量是数值计算的基本单元。变量是变化的,在程序运行中变量的值可能会发生改变。

在 MATLAB 语言中,变量不需要事先声明,也不需要预先定义变量的类型。当变量在语句中第一次合法出现时,MATLAB 会自动生成变量,并根据变量的操作上下文确定其类型,并分配适当的存储空间;当变量在语句中再次合法出现时,系统会自动更新其内容。需要注意的是,运算表达式中不允许出现未定义的变量。如下的语句是不合法的:

```
>>area=r^2                              %此行语句前未出现过 r 的任何信息
???Undefined function or variable 'r'.  %未定义的函数或变量 r
```

2.2.1 变量名

MATLAB 的变量名必须以字符开头,是字母和数字的任意组合,允许使用下划线。MATLAB 中变量的命名规则如下:

- 变量名必须以字符开头,后面可以跟字母、数字、下划线,但是不能使用空格和标点符号;
- 变量名区分大小写,A 和 a 表示的是两个不同的变量;
- 变量名可任意长,但只有前面的 63 个字符被使用,超过部分将被忽略;
- 避免使用函数名和系统保留字,如避免使用 i 和 j,它们是复数专用的。

为了避免使用不合法的变量名,可以用 isvarname 函数来验证变量名。

例 2-1 验证 myVarName 和 7myVarName 这两个变量名是否合法。

```
%例 2-1
>>isvarname myVarName
ans=
     1                                  %变量名 myVarName 是合法的
>>isvarname 7myVarName
ans=
     0                                  %变量名 7myVarName 不合法,不能以数字开头
```

2.2.2 变量的显示格式

数据的显示格式由 format 命令控制。format 只影响结果的显示,不影响其计算和存储。MATLAB 默认以双精度(double)格式来进行运算和存储。变量的输出显示格式可以被设置成如表 2-2 所示的几种,表中示例以圆周率 pi 为例来说明 format 命令的用法。

表 2-2 format 命令

format 命令格式	含 义	示 例
format	默认的显示格式	3.1416
format short	短格式	3.1416
format short e	短格式科学形式	3.1416e+000
format long	长格式	3.141592653589793
format long e	长格式科学形式	3.141592653589793e+000
format rat	有理格式	355/113
format bank	银行格式	3.14

2.2.3 变量的作用域

1. 局部变量

局部变量(Local)在函数中定义的变量，只能被定义它的函数访问。当函数被调用时，函数内部定义的变量保存在函数自己的工作区中，一旦函数调用完毕退出运行，内存中的变量将不存在。

在命令文件中定义的变量，当在命令窗口中调用该命令文件时，变量存在于基本工作区中；当从函数调用该命令文件时，其变量存在于函数的工作区中。

在命令窗口中直接给出的合法的变量，其存在于基本工作区中。

局部变量不用特别定义，只要给出合法的变量名，MATLAB 会自动建立。

2. 全局变量

全局变量(Global)指几个函数共享的变量。每个使用它的函数都要用 global 函数声明它为全局变量。每个共享它的函数都可以改变它的值，因此，在函数运行时要特别关注全局变量值的变化。

如果函数的子函数也要使用全局变量，也必须在子函数内部用 global 函数声明变量为全局变量。如果 MATLAB 在命令窗口或命令文件中访问全局变量，则必须在命令行中用 global 函数声明变量为全局的。

注意：

- 全局变量在函数中先于其他变量定义，最好在函数的最前面定义。
- 全局变量的名字最好全部用大写字母，这样是为了增强代码的可读性，减少重复定义变量的机会。

例 2-2 在函数文件 exam2_2_gvar1.m 和 exam2_2_gvar2.m 用 global 函数定义全局变量 gVar1 和 gVar2，并在函数中赋值；在命令窗口中声明 gVar1 和 gVar2 是全局变量，并更改变量的值；在命令窗口中调用 exam2_2 命令文件，在命令文件中声明 gVar1 和 gVar2 是全局变量，并更改变量的值。用 whos global 查看所声明过的全局变量。

```
%例 2-2
%%先在函数文件 exam2_2_gvar1 和 exam2_2_gvar2 中
%%用 global 函数定义全局变量
%%gVar1 和 gVar2,并在函数中赋值
%函数文件 exam2_2_gvar1.m
function [y]=exam2_2_gvar1( x )
%exam2_2_gvar
global gVar1 gVar2                %声明两个全局变量 gVar1 和 gVar2
%给两个全局变量赋值
gVar1=x;
gVar2=2*x;
y=x;
end
%函数文件 exam2_2_gvar2.m
function [y]=exam2_2_gvar2( x )
%exam2_2_gvar2
global gVar1 gVar2                %声明两个全局变量 gVar1 和 gVar2
%给两个全局变量赋值
gVar1=2*x;
gVar2=x;
y=x;
end
%%最后在命令窗口中声明 gVar1 和 gVar2 是全局变量,更改变量的值
>>global gVar1 gVar2;
>>gVar1=10;gVar2=20;
>>whos global
  Name      Size         Bytes  Class      Attributes
  gVar1     1x1             8  double      global
  gVar2     1x1             8  double      global
%%在命令窗口中调用函数文件 exam2_2_gvar1.m 和 exam2_2_gvar2.m
%%调用时带入不同的实参,给 gVar1 和 gVar2 赋不同的值
>>exam2_2_gvar1(3);              %在工作空间中观察 gVar1 和 gVar2 的变化
>>exam2_2_gvar2(9);              %在工作空间中观察 gVar1 和 gVar2 的变化
%%或者在命令文件 exam2_2.m 中声明 gVar1 和 gVar2 是全局变量,
%%并更改变量的值
%%并在命令窗口中调用命令文件 exam2_2.m
%命令文件 exam2_2.m
global gVar1 gVar2                %声明两个全局变量 gVar1 和 gVar2
%给两个全局变量赋值
gVar1=100;
gVar2=200;
%以上是命令文件 exam2_2.m
%%在命令窗口中调用命令文件 exam2_2.m
>>exam2_2
```

```
>>whos global
  Name      Size          Bytes Class    Attributes
  gVar1     1x1              8 double    global
  gVar2     1x1              8 double    global
```

3. 永久变量

永久变量(Persistent)只能在函数文件中定义和使用,只允许定义它的函数存取。当定义它的函数退出运行时,MATLAB 不会在内存中清除它,下次调用这个函数,将使用它被保留的当前值。只有清除函数或者关闭 MATLAB 时,才能从内存中清除它们。

最好在函数最开始时用 persistent 函数声明永久变量。永久变量的默认初始值被 MATLAB 设置成"[]",用户可以自己设置永久变量的初始值。

例 2-3 用 persistent 命令在函数文件 exam2_3_pervar.m 中定义永久变量 perVar。

```
%例 2-3
function [y]=exam2_3_pervar(x)
persistent perVar;
if isempty(perVar)           %用 isempty 函数判断 perVar 是否为默认的"[]"
    perVar=0;                %如果 perVar 是系统默认的[]值,则另外赋初值等于 0
end
perVar=perVar+x;
y=x;
end
```

2.2.4 变量的清除

1. clear 函数

clear:清除工作区中的所有变量,释放系统内存。

clear 变量名列表:清除工作区总指定的变量。

clear all:清除内存中所有的变量、函数和 MEX 文件,使工作区变空;清除 M 文件的断点,并重新初始化永久变量。

clear classes:clear all 的功能加上清除 MATLAB 类定义。

clear functions:从内存中清除所有当前编译的 M 函数和 MEX 函数。

clear global:清除工作区中的所有永久变量。

clear import:清除 Java 的包和子包列表,只能在命令窗口中使用,不能用于函数。

clear java:clear import 的功能加上清除 Java 的类定义。

clear variables:清除工作区中的所有变量。

2. mlock 函数

mlock 函数用来阻止 M 文件和 MEX 文件被清除。mlock 函数锁住当前正在运行的 M 文件和 MEX 文件,以后的 clear 函数就不能从内存中清除它们了。

2.2.5 变量的存取

用 save 和 load 函数可以将变量存储到磁盘中的 mat 文件(默认为二进制文件)中，并且可以将变量从磁盘中的 mat 文件(默认为二进制文件)中读入 MATLAB 的工作空间，也可以用"-ascii"选项将变量存储到 8 位或 16 位的 ASCII 文件中。

save：将工作空间中的全部变量存储到 matlab.mat 二进制文件中。

save filename：将工作空间中的全部变量存储到二进制文件 filename.mat 中。

save filename 变量名列表：将工作空间中的变量名列表中指定的变量存储到 filename.mat 二进制文件中，变量间用空格隔开。

save filename 变量名列表 -append：将工作空间中的变量名列表中指定的变量添加到文件名为 filename.mat 的二进制文件中，变量间用空格隔开。

save filename 变量名列表 -ascii：将工作空间中变量名列表中指定的变量存储到名为 filename 的 8 位 ASCII 文件中。

save filename 变量名列表 -ascii -double：将工作空间中变量名列表中指定的变量存储到 16 位 ASCII 文件 filename.mat 中。

load：将二进制文件 matlab.mat 中的所有变量读入工作空间中。

load filename：将二进制文件 filename.mat 中所有变量读入工作空间中。

load filename 变量名列表：将二进制文件 filename.mat 中变量名列表中指定的变量读入到工作空间中。

load filename -mat：将 filename.mat 文件以二进制的格式把其中所有的变量读入到工作空间中。

load filename -ascii：将 filename 文件以 ASCII 的格式把其中所有的变量读入到工作空间中。

load filename 变量名列表 -mat：将二进制文件 filename.mat 中变量名列表中指定的变量读入到工作空间中。

load filename 变量名列表 -ascii：将 ASCII 格式文件 filename 中变量名列表中指定的变量读入到工作空间中。

请注意，二进制文件和 ASCII 文件的不同之处在于：默认方式下，save 和 load 函数都是以二进制方式存储和读入变量的，它所保存的文档通常比较小，而且载入速度比较快。如果想看到文档内容，则必须保存为 ASCII 格式文件，并且必须要在函数后加上"-ascii"选项。以下是使用了"-ascii"选项之后，ASCII 文件在存取上的特别之处为：

- save 命令不会在文档名称后加上 mat 的后缀名，后缀名为 mat 的文件通常是 MATLAB 的二进制文件。
- save 命令通常只存储一个变量，若在 save 命令行中加入多个变量，仍可执行，但所产生的文件无法以简单的 load 函数读入。
- save 命令使原有的变量名消失。用 load 载入文件时，会用文件名称命名变量名。
- 对于复数，save 命令只能存储其实部，虚部则被自动抛弃。
- ASCII 文件通常比二进制文件大。

综上所述,若非特殊需要,应该尽量以二进制形式存储变量。

例 2-4 在命令窗口中,将工作空间中的所有变量存入 exam2_4_myData.mat 文件中,并分别读入工作空间中。

```
%例 2-4
>>clear                         %清除工作空间中的变量
>>var1=10;var2=20;var3=30;      %给三个变量赋值
>>save                          %存储工作空间中所有变量到默认文件名
>>matlab.mat 中(二进制)
>>save mydata                   %存储工作空间中所有变量到 mydata.mat 中(二进制)
>>save mydataASC-ascii          %存储工作空间中变量到 mydataASC.mat 中
>>load mydata                   %加载 mydata.mat 中所有变量到工作空间中
>>load mydataASC                %加载 mydataASC.mat 中所有变量到工作空间中
```

2.3 数组

数组是 MATLAB 中较简单的一种数据组织形式,在数值计算中的应用十分广泛。数组可以视为矩阵的一种特殊表现形式。

数组和矩阵在数学上是两个不同的概念。在 MATLAB 中,数组和矩阵在表达形式上有许多一致之处,但它们实际上遵循着不同的运算规则,两者的运算容易混淆。数组运算强调元素对元素的元素的运算,也就是说无论什么运算,对数组中的元素都是平等进行的。而矩阵运算则采用线性代数的运算方式。

在 MATLAB 语言中,数组的运算通常在运算符前加一个"."。

2.3.1 一维数组

1. 一维数组的创建

(1) 直接输入生成法

生成方法:直接将一位数组的数据放入到中括号[]中,数据之间用空格或者逗号隔开即可。

生成规则:输入规则如下。

① 所有元素置于一对方括号之内;
② 同一行中不同元素用逗号或者空格符来分隔,空格个数不限;
③ 数据元素可以是表达式,MATLAB 自动计算结果。

例 2-5 在命令窗口生成一维数组 myArray=[1 2 3 4 5 6]。

```
%例 2-5
>>myArray=[1 2 3 4 5 6];        %定义了一维数组,分号结尾
>>myArray=[1,2,3,4,5,6]         %定义了一维数组,不加分号
myArray=
     1     2     3     4     5     6
```

(2) 冒号生成法

调用格式：

初始量:步长:终止量

例 2-6 生成一维数组 myArray=[1 2 3 4 5 6]。

```
%例 2-6
>>myArray=1:1:6                    %初始值为 1,步长为 1,终止量是 6
myArray =
     1     2     3     4     5     6
```

(3) linspace 方法

调用格式：

linspace(初始量,终止量,数组元素个数)

例 2-7 用 linspace 生成一维数组 myArray=[1 2 3 4 5 6]。

```
%例 2-7
>>myArray=linspace(1,6,6)          %初始值为 1,终止量为 6,数组元素个数为 6
myArray=
     1     2     3     4     5     6
```

(4) logspace 方法

调用格式：

logspace(初始量,终止量,数组元素个数)

例 2-8 生成一维数组 logspace(1,6,6),生成一维数组 logspace(1,pi,6)。观察运行结果并说明：logspace 各个参数的含义；linspace 和 logspace 两个命令的区别。

```
%例 2-8
>>myArray=logspace(1,6,6)          %初始量为 1,终止量为 6,数组元素个数为 6
myArray=
    10    100    1000    10000    100000    1000000
>>myArray=logspace(1,pi,6)         %初始量为 1,终止量为 pi,数组元素个数为 6
myArray=
    10.0000    7.9329    6.2930    4.9922    3.9602    3.1416
```

注意：logspace(n1,n2,N) 表示在 10^n1 和 10^n2 之间插入 N-2 个元素,组成一个含有 N 个元素的数组；如果 n2=pi,则表示在 10^n1 和 pi 之间插入 N-2 个元素；如果 N<2,则返回 10^n2。

2. 一维数组的引用

调用格式：

```
arrayName(n);                      %引用一维数组中的第 n 个元素
```

```
arrayName(n1:n2);              %引用一维数组中的第 n1 至 n2 个元素
arrayName([n1 n2]);            %引用一维数组中的第 n1 和 n2 个元素
```

例 2-9 已知一维数组 myArray=[1 2 3 4 5 6],求 myArray(3),myArray(1:3),myArray([1 3]),myArray(1 3)。

```
%例 2-9
>>myArray=[1 2 3 4 5 6]         %定义了一维数组 myArray
myArray=
    1    2    3    4    5    6
>>myArray(1:3)
ans=
    1    2    3
>>myArray([1 3])
ans=
    1    3
>>myArray(1 3)                  %引用格式不合法
??? myArray(1 3)
Error: Unexpected MATLAB expression.
```

2.3.2 二维数组

1. 二维数组的创建

（1）直接输入生成法

生成方法：直接将二维数组的数据放入到中括号[]中,数据之间用空格或者逗号隔开即可。

生成规则,输入规则如下。

① 所有元素置于一对方括号之内；
② 同一行中不同元素用逗号或者空格符来分隔,空格个数不限；
③ 用分号";"指定一行的结束；
④ 也可以多行输入,用回车符代替分号；
⑤ 数据元素可以是表达式,MATLAB 自动计算结果。

例 2-10 生成二维数组 myArray=[1 2 3 4 5 6;6 5 4 3 2 1;5 5 5 5 5 5]。

```
%例 2-10
>>myArray= [1 2 3 4 5 6;6 5 4 3 2 1    %用回车代替分号
5,sqrt(25),10-5,0+5,abs(-5),5]         %数据元素可以是表达式
myArray=
    1    2    3    4    5    6
    6    5    4    3    2    1
    5    5    5    5    5    5
```

（2）文件生成法

生成方法：通过 M 文件、txt 文件、excel 文件和 dat 文件生成二维数组。MATLAB 提供了一系列从文件导入数据的函数，如 load、xlsread 和 csvread 等。文件生成方法详见第 3.1 节。

2. 二维数组的引用

调用格式：

```
arrayName(m,n);              %引用二维数组的第 m 行 n 列的元素
arrayName(m,:);              %引用二维数组的第 m 行的所有列元素
arrayName(:,n);              %引用二维数组的第 n 列的所有行元素
arrayName(m1:m2,n);          %引用二维数组的第 n 列中 m1 至 m2 行的元素
arrayName(m,n1:n2);          %引用二维数组的第 m 行中 n1 至 n2 列的元素
arrayName([m1 m2],n);        %引用二维数组的第 n 列中 m1 行和 m2 行的元素
arrayName(m,[n1 n2]);        %引用二维数组的第 m 行中 n1 列和 n2 列的元素
```

例 2-11 已知二维数组 myArray=[1 2 3 4 5 6;6 5 4 3 2 1;5 5 5 5 5 5]，求 myArray(3,3)，myArray(1,:)，myArray(:,3)，myArray(1:3,1)，myArray(1,1:3)，myArray([1 3],1)，myArray(1,[1 3])。

```
%例 2-11
>>myArray=[1 2 3 4 5 6;6 5 4 3 2 1;5 5 5 5 5 5];     %创建二维数组 myArray
>>myArray(3,3)
ans=
    5
>>myArray(1,:)
ans=
    1    2    3    4    5    6
>>myArray(:,3)
ans=
    3
    4
    5
>>myArray(1:3,1)
ans=
    1
    6
    5
>>myArray(1,1:3)
ans=
    1    2    3
>>myArray([1 3],1)
ans=
    1
```

```
        5
>>myArray(1,[1 3])
ans=
    1    3
```

2.3.3 字符串

在 MATLAB 中,字符串作为字符数组用单引号"'"引用到程序中,还可以通过字符串运算组成复杂的字符串。字符串数值和数字数值之间可以进行转换,也可以执行字符串的有关操作。

1. 字符串的创建

调用格式:

str='string'
str=('string')
str=['string1' 'string2' 'string3']

例 2-12 已知 s1='who are you? ',s2='I'm TinTin',求 s3=[s1 s2]。

```
%例 2-12
%%string 的三种创建格式
>>str1='tintin'
s1=
tintin
>>str2=('tintin')
s2=
tintin
>>str3=['tintin']
s3=
tintin
>>whos
  Name     Size      Bytes Class    Attributes
  str1     1x6         12  char
  str2     1x6         12  char
  str3     1x6         12  char
%%s3=[s1 s2]
>>s1='who are you? '
s1=
who are you?
>>s2='I''m TinTin'           %注意这里"I'm"中单引号的生成方法
s2=
I'm TinTin
>>s3=[s1 s2]
s3=
```

who are you?I'm TinTin

2. 字符串相关的常用函数

(1) char 将正整数数组转换成字符串数组。

调用格式：

char(A)

例 2-13 已知二维数组 A=[100 55 214；50 60 70]，求 char(A)。

```
%例 2-13
>>A=[100 55 214;50 60 70]
A =
   100    55   214
    50    60    70
>>str=char(A)
str=
d7?
2<F
```

(2) int2str 将数组转化为字符串数组。

调用格式：

int2str(A)

例 2-14 已知二维数组 SP=[1.1 2.2 3.3 4.4 5.5 6.6]，求 int2str(SP)。

```
%例 2-14
>>SP=[1.1 2.2 3.3 4.4 5.5 6.6]
SP=
   1.1000   2.2000   3.3000   4.4000   5.5000   6.6000
>>str=int2str(SP)
str=
1  2  3  4  6  7
```

(3) num2str 将数组转化为字符串数组。

调用格式：

```
num2str(A):              %将数组转化为字符串数组
num2str(A,k):            %将数组转化为字符串数组(最多 k 位有效位)
num2str(A,strFormat):    %将数组转化为 strFormat 格式的字符串数组
```

例 2-15 已知二维数组 A=[1.1 2.2 3.3 4.4 5.5 6.6]，求 num2str(A)，num2str(A,0)，num2str(A,3)，num2str(A,'%10.3f')。

```
%例 2-15
>>A=[1.1 2.2 3.3 4.4 5.5 6.6];
```

```
>>str=num2str(A)
str=
1.1    2.2    3.3    4.4    5.5    6.6
>>str=num2str(A,0)
str=
1    2    3    4    6    7
>>str=num2str(A,3)
str=
1.1    2.2    3.3    4.4    5.5    6.6
>>str=num2str(A,'%10.3f')
str=
1.100    2.200    3.300    4.400    5.500    6.600
```

(4) eval 将字符串转化为数值。

调用格式：

```
eval(S)
```

例 2-16 将字符串表达式 S='a.*sqrt(b)'转化成数值。其中，a＝[0 2]，b＝[1 4]。

```
%例 2-16
>>a=[0 2];b=[1 4];
>>S='a.*sqrt(b)'
S=
a.*sqrt(b)
>>eval(S)
ans=
     0    4
```

(5) str2num 将字符串转化为数值。

调用格式：

```
str2num(S)
```

例 2-17 已知字符串 S1='3.141592653'，S2='1,3,5,7'，S3='2;4;6;8'，S4='TinTin'，求 str2num(S1)、str2num(S2)、str2num(S3) 和 str2num(S4)。

```
%例 2-17
>>S1='3.141592653';S2='1,3,5,7';S3='2;4;6;8';S4='TinTin';
>>A1=str2num(S1)
A1=
    3.1416
>>A2=str2num(S2)
A2=
    1    3    5    7
>>A3=str2num(S3)
A3=
```

```
            2
            4
            6
            8
>>A4=str2num(S4)
A4=
    []
```

(6) strcmp 将两个字符串进行比较,相等时返回真值。

调用格式:

strcmp(str1,str2)

例 2-18 已知字符串 str1='tintin',str2='inin',str3='tintin',求 strcmp(str1,str2)和 strcmp(str1,str3)。

```
% 例 2-18
>>str1='tintin';str2='inin';str3='tintin';
>>strcmp(str1,str2)
ans=
    0
>>strcmp(str1,str3)
ans=
    1
```

2.3.4 结构数组

结构数组可以存放不同数据类型的数据。结构数组的内容更加丰富,包含字符串、数值、矩阵不同的数据类型。结构数组由结构组成,且每个结构都包含多个结构域(fields)。数据不能够直接存储在结构中,只能够存放在结构域中,结构域中可以存放任何类型、任何大小的数组。MATLAB 使用分级存储机制来存储不同类型的数据,结构数组通过属性名来引用。

1. 结构数组的创建

(1) 直接创建法

例 2-19 用直接创建法创建结构数组 student。其中,结构数组 student 有 name 和 age 两个属性和两组数据:(Zhao,20);(Qian,22)。

```
%例 2-19
>>student(1).name='Zhao';
>>student(1).age=20;
>>student(2).name='Qian';
>>student(2).age=22;
>>student
student=
```

```
1x2 struct array with fields:
    name
    age
>>student(1)
ans=
    name: 'Zhao'
    age: 20
>>student(2)
ans=
    name: 'Qian'
    age: 22
```

（2）struct 函数创建法

struct 函数通过 struct 函数可以创建结构数组。

调用格式：

```
struct('field1',{},'field2',{},...)            %创建一个空的结构数组,不含数据
struct('field1',{values},'field2',{values},...) %创建一个具有属性名和数据的结构数组
```

注意：MATLAB 对未指定的属性以空矩阵赋值，且数组中每个结构具有同样多的属性，且具有相同的属性名。

例 2-20 利用 struct 函数创建例 2-19 中的 student 结构数组。

```
%例 2-20
>>student=struct('name',{'Zhao','Qian'},'age',{20,22})
student=
1x2 struct array with fields:
    name
    age
```

2. 结构数组的引用

结构数组的引用通过下标和"."操作符来完成。

例 2-21 对于结构数组 student，求 student(1)，student(2) 和 student(1).age 和 student(2).name。

```
%例 2-21
>>student(1)
ans=
    name: 'Zhao'
    age: 20
>>student(2)
ans=
    name: 'Qian'
    age: 22
```

```
>>student(1).age
ans=
    20
>>student(2).name
ans=
Qian
```

3. 结构数组的相关命令

getfield：获得结构数组中的数据。
setfield：设置结构数组中的数据。
fieldnames：获取结构数组中的属性域名。
size：获取结构数组的维度。
rmfield：删除结构数组中的结构域。

例 2-22　对于结构数组 student，分别使用 getfield、setfield、fieldnames、size 和 rmfield 命令操作。

```
%例 2-22
>>student=struct('name',{'zhao','qian'},'age',{20,22});
>>getfield(student,{2},'name')
ans=
qian
>>student=setfield(student,{2},'age',[30])
student=
1x2 struct array with fields:
    name
    age
>>student(2)
ans=
    name: 'qian'
    age: 30
>>fieldnames(student)
ans=
    'name'
    'age'
>>size(student)
ans=
    1    2
>>student=rmfield(student,'age')
student=
1x2 struct array with fields:
name
```

4. 结构数组的嵌套

在结构数组中,域值是另一个已定义的结构数组,成为结构数组的嵌套。这种结构嵌套适用于说明具有层次结构的复杂数据。下面例题说明嵌套的结构数组的创建与引用。

例 2-23   对于结构数组 student,增加了 score 域,并且该域的域值就是结构数组类型,分别包含三个域:Math、English 和 Matlab。

```
%例 2-23
>>student=struct('name','ZhanSan','age',23,'score',struct('Math',90,
'English',89,'Matlab',97));            %结构数组的嵌套使用
>>student(2).name='LiSi';
>>student(2).age=25;
>>student(2).score.Math=100;
>>student(2).score.Enligsh=99;
>>student(2).score.Matlab=98;
>>student
student=
1x2 struct array with fields:
    name
    age
    score
>>student(1).score
ans=
    Math: 90
    English: 89
    Matlab: 97
>>student(2).score.Matlab
ans=
    98
```

2.3.5 细胞数组

细胞数组是 MATLAB 特有的一种数据类型。细胞数组是以单元为元素的数组,每个元素成为单元,每个单元可以包含其他类型的数组,如矩阵、字符串、复数等。在 MATLAB 中,只有细胞数组才可以将不同类型、不同维度的数组组合成一个大数组。在矩阵和数组中,每个元素都应该具有相同的属性,即"同质";即使是结构数组,也具有相同的属性名,每个相同属性的类型也是相同的;而细胞数组则没有这些要求,用户可以把不同属性的数据全部都归并到一个细胞数组中。

1. 细胞数组的创建

(1) 直接创建法

创建方法:采用数组元素的下标直接复制,所赋的值用大括号括起来;或者把细胞数

组的下标用大括号括起来,所赋的值采用数组、数值或是字符串的形式。

注意:创建细胞数组时大括号和中括号的不同使用方法。

例 2-24 用直接创建法创建细胞数组 cellArray。

```
%例 2-24
>>cellArray(1,1)={[1 2 3;4 5 6;7 8 9]};
>>cellArray(1,2)={'Hello World'};
>>cellArray(2,1)={1+2i};
>>cellArray(2,2)={0:pi/10:pi};
>>cellArray{3,1}=[9 8 7;6 5 4;3 2 1];
>>cellArray{3,2}='Jack London';
>>cellArray{4,1}=3+2i;
>>cellArray{4,2}=-pi:pi/10:pi;
>>cellArray
cellArray=
        [3x3 double]       'Hello World'
   [1.0000+2.0000i]        [1x11 double]
        [3x3 double]       'Jack London'
   [3.0000+2.0000i]        [1x21 double]
```

(2) cell 函数创建法

通过 cell 函数可以创建结构数组。

调用格式:

cell(m,n)   %创建一个空的二维细胞数组,不含数据

注意:创建好空的细胞数组后,可以再用赋值语句给细胞数组中的每个元素赋值。MATLAB 的命令窗口中输入如下代码即可创建一个空的二维细胞数组,不含数据。

```
>>cellArray=cell(3,5)
cellArray=
    []    []    []    []    []
    []    []    []    []    []
    []    []    []    []    []
```

2. 细胞数组的引用

例 2-25 对于细胞数组 cellArray,求 cellArray(1),cellArray(2,2),cellArray{2},cellArray{2,2},cellArray{1,1}(2,2)。

```
%例 2-25
>>cellArray
cellArray=
        [3x3 double]       'Hello World'
   [1.0000+2.0000i]        [1x11 double]
        [3x3 double]       'Jack London'
```

```
    [3.0000+2.0000i]      [1x21 double]
>>cellArray(1)
ans=
    [3x3 double]
>>cellArray(2,2)
ans=
    [1x11 double]
>>cellArray{2,1}
ans=
    1.0000+2.0000i
>>cellArray{5}
ans=
Hello World
>>cellArray{2,2}(1,1)
ans=
    0
>>cellArray{2,2}(6)
ans=
    1.5708
>>cellArray(1,1){4}            %格式不对
???Error: ()-indexing must appear last in an index expression.
>>cellArray(1,1){2,2}          %格式不对
???Error: ()-indexing must appear last in an index expression.
```

3. 细胞数组的相关命令

- celldisp：显示细胞数组的内容。
- cellplot：以图形的方式显示细胞数组的内容。

例 2-26 在 MATLAB 命令窗口中输入命令即可实现以上的功能。执行完 cellplot 命令后，绘图窗口会绘制如图 2-1 所示的图形。

```
%例 2-26
%先创建一个 2×2 的细胞数组
>>cellArray=cell(2,2)
cellArray=
    []    []
    []    []
>>cellArray(1,1)={[1 2 3;4 5 6;7 8 9]};
>>cellArray(1,2)={'Hello World'};
>>cellArray(2,1)={1+2i};
>>cellArray(2,2)={0:pi/10:pi};
%显示 cellArray 中的细胞元素
>>celldisp(cellArray)
cellArray{1,1}=
```

```
         1     2     3
         4     5     6
         7     8     9
cellArray{2,1}=
    1.0000+2.0000i
cellArray{1,2}=
Hello World
cellArray{2,2}=
  Columns 1 through 6
        0    0.3142    0.6283    0.9425    1.2566    1.5708
  Columns 7 through 11
   1.8850    2.1991    2.5133    2.8274    3.1416
%cellplot 命令后,绘图窗口绘制如图 2-1 所示的图形
>>cellplot(cellArray);
```

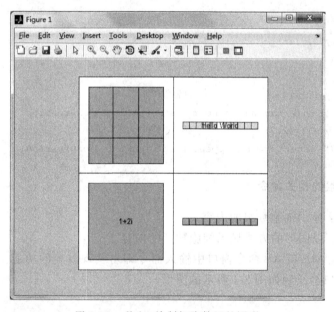

图 2-1 cellplot 绘制细胞数组的图形

- 细胞数组中增加元素、删除元素和修改元素。

例 2-27 对于例 2-26 中的 2×2 的细胞数组 cellArray,分别进行如下操作:增加新元组,删除旧元组以及更新元素中的值。

```
%例 2-27
>>cellArray
cellArray=
        [3x3 double]          'Hello World'
    [1.0000+2.0000i]          [1x11 double]
>>cellArray{3,3}='No.33'                   %增加新元组
cellArray=
```

```
            [3x3 double]      'Hello World'            []
       [1.0000+2.0000i]       [1x11 double]            []
                    []                   []        'No.33'
>>cellArray(:,3)=[]                    %删除细胞数组中的第三列
cellArray=
            [3x3 double]      'Hello World'
       [1.0000+2.0000i]       [1x11 double]
                    []                   []
>>cellArray{2,1}=[]                    %将细胞数组的第二行第三列置空
cellArray=
            [3x3 double]      'Hello World'
                    []        [1x11 double]
                    []                   []
>>cellArray{1,1}(3)=0                  %将细胞数组{2,2}的第三个元素赋值为 0
cellArray=
            [3x3 double]      'Hello World'
                    []        [1x11 double]
                    []                   []
>>cellArray{1,1}(3)
ans=
0
>>cellArray{2,2}='new value'           %将细胞数组{2,2}赋新值
cellArray=
            [3x3 double]      'Hello World'
                    []          'new value'
                    []                   []
```

4. 细胞数组和数值数组的转换

在 MATLAB 中，通过 num2cell 和 cell2mat 等函数实现细胞数组和数值数组之间的转换。

num2cell：将数值数组转换成细胞数组。

cell2mat：将细胞数组转换成数值数组。

例 2-28 对于数组 A=[1 2 3;4 5 6;7 8 9]和细胞数组 C={[1][1 2 3];[4 5][6 7 8 9]}，分别利用 num2cell 和 cell2mat 将数值数组和细胞数组相互转换。观察后，讨论什么情况下可以相互转换，什么情况下转换不成功。

```
%例 2-28
>>A=[1 2 3;4 5 6; 7 8 9];
>>N=num2cell(A)
N=
    [1]    [2]    [3]
    [4]    [5]    [6]
    [7]    [8]    [9]
```

```
>>C={[1 2 3 4],[4 3 2 1];[6 7 8 9],[9 8 7 6]}
C=
    [1x4 double]    [1x4 double]
    [1x4 double]    [1x4 double]
>>M=cell2mat(C)
M=
    1   2   3   4   4   3   2   1
    6   7   8   9   9   8   7   6
>>C={[1 2 3 4],[4 3];[6 7 8 9],[9 8]}
C=
    [1x4 double]    [1x2 double]
    [1x4 double]    [1x2 double]
>>M=cell2mat(C)
M=
    1   2   3   4   4   3
    6   7   8   9   9   8
>>C={[1],[4 3];[6 7 8 9],[9 8]}
C=
    [         1]    [1x2 double]
    [1x4 double]    [1x2 double]
>>M=cell2mat(C)
??? Error using==>cat
CAT arguments dimensions are not consistent.
Error in==>cell2mat at 85
          m{n}=cat(1,c{:,n});
```

2.3.6 结构细胞数组

细胞数组的元素如果是结构数组,就构成了结构细胞数组。结构细胞数组的组成更加复杂,创建和引用都比细胞数组复杂一些,但是基本原则不变。

2.4 MATLAB的运算符

MATLAB 的运算符分成三大类:算术运算符、关系运算符和逻辑运算符。这三种运算符中,算术运算符优先级最高,关系运算符次之,而逻辑运算符的优先级最低。实际应用中,可以通过括号来调整运算过程。

2.4.1 算术运算符

- +、−   表示算术加法和减法。
- *、/   表示算术乘法和除法。
- \   表示左除。
- ^   表示乘方。

- .*   表示点乘。
- .\   表示点左除。
- ./   表示点右除。
- .^   表示点乘方。

算术加、减、乘、除和乘方与传统意义的加减乘除乘方相类似,用法也基本相同。而点乘、点乘方等运算则很特殊：点运算是指元素点对点运算,针对数组和矩阵内元素对元素之间的运算,点运算要求操作数在结构上必须是相似的。

MATLAB 的除法运算比较复杂。算术左除与算术右除不同,算术右除与传统除法相同,即 $a/b=a\div b$；而算术左除则与传统除法相反,即 $a\backslash b=b\div a$。点左除和点右除也不同,是对应元素进行相应的点除法。矩阵的除法将在第 3 章详细介绍。

例 2-29 $a=10, b=20$,求 $a+b, a-b, a*b, a\backslash b, a/b, a\char`^b$。

```
% 例 2-29
>>a=10;b=20;
>>a+b
ans=
    30
>>a-b
ans=
    -10
>>a*b
ans=
    200
>>a\b
ans=
    2
>>a/b
ans=
    0.5000
>>a^b
ans=
    1.0000e+020
```

例 2-30   已知 A=[1 3 5 7], B=[2 4 6 8],求 A.*B, A.\B, A./B, A.^B。

```
%例 2-30
>>A=[1 3 5 7];B=[2 4 6 8];
>>A.*B
ans=
    2    12    30    56
>>A.\B
ans=
    2.0000    1.3333    1.2000    1.1429
>>A./B
```

```
ans=
    0.5000    0.7500    0.8333    0.8750
>>A.^B
ans=
    1    81    15625    5764801
```

2.4.2 关系运算符

- < 表示小于。
- <= 表示小于或等于。
- > 表示大于。
- >= 表示大于或等于。
- == 表示等于。
- ~= 表示不等于。

关系运算符是对数与数、数组与数、数组与数组的元素对元素的比较,两个操作数要有相同的维数,比较结果是一个由数 0(关系为假)和 1(关系为真)组成的矩阵,与操作数有同样的维数。

例 2-31 已知二维数组 A=[1 2;2 3],求 A 中等于 2 的元素个数 n。

```
%例 2-31
>>A=[1 2;2 3];
>>B=A==2
B=
    0    1
    1    0
>>n=sum(sum(B))
n=
    2
```

2.4.3 逻辑运算符

- & 逻辑与(and),表示两个数组的对应元素都是 1,结果为 1,否则为 0。
- | 逻辑或(or),表示对应元素只要有一个是 1,结果为 1,否则为 0。
- ~ 非(not),表示与元素相反。
- xor 异或,表示对应元素不同,结果为 1,否则为 0。

注意:如果运算对象数组中含有有限非 0 数字值,则 MATLAB 将转换成逻辑 1 或 true。

例 2-32 已知数组 A=[0 1 0;1 0 1]和 B=[1 1 1;0 0 0],求 A&B,A|B,~A 和 xor(A,B)。

```
%例 2-32
>>A=[0 1 0;1 0 1];B=[1 1 1;0 0 0];
>>A&B
```

```
ans=
    0   1   0
    0   0   0
>>A|B
ans=
    1   1   1
    1   0   1
>>~A
ans=
    1   0   1
    0   1   0
>>xor(A,B)
ans=
    1   0   1
    1   0   1
```

MATLAB还提供了非常丰富的逻辑函数,这些逻辑函数非常有用。

- all:查看数组的行或者列,每行或列的所有元素为1,结果为1。
- any:查看数组的行或者列,每行或列只要有一个元素为1,结果为1。
- exist:查看变量或者函数是否存在。
- find:找出非零元素的位置标识。
- isempty:判断矩阵是否为空矩阵。
- isequal:判断对象是否相等。
- isnumeric:判断对象是否为数值型。
- bitand:按位与。
- bitor:按位或。
- bitcmp:按位反码,共n位,n必须小于操作数的二进制位数。
- bitxor:按位异或。
- &&:捷径与。
- ||:捷径或。

例 2-33 数组 A=[1 3 5],B=[1 3 5;2 4 6],求 all(A),all(B),all(B2),any(A),any(B),any(B,2)。

```
%例 2-33
>>A=[1 3 5];B=[1 3 5;2 4 6];
>>all(A)
ans=
    1
>>all(B)
ans=
    1   1   1
>>all(B,2)
```

```
ans=
    1
    1
>>any(A)
ans=
    1
>>any(B)
ans=
    1    1    1
>>any(B,2)
ans=
    1
    1
```

例 2-34 观察以下函数的返回值：exist('work'),exist('myfile'),exist('C:\windows')。

例 2-34
```
>>exist('work')
ans=
    0
>>exist('exam2_33')
ans=
    2
>>exist('C:\windows')
ans=
    7
```

说明：exist 函数非常有用，其返回值为数字 0～7，分别表示不同的含义，如表 2-3 所示。

表 2-3 函数 exist 的返回值

返回值	含 义
0	对象不存在或不在 MATLAB 的搜索路径下
1	对象是工作空间中的一个变量
2	对象是一个 M 文件或者是在 MATLAB 搜索路径下未知类型的文件
3	对象是一个 MATLAB 搜索路径下的 MEX 文件
4	对象是一个 MATLAB 搜索路径下的已编译的 SIMULINK 函数
5	对象是 MATLAB 的内置函数
6	对象是一个 MATLAB 搜索路径下的 P 文件
7	对象是一个路径，但不一定是 MATLAB 搜索路径

例 2-35 数组 $A=[1\ 0\ 3;3\ 0\ 1]$,求 find(A),[m,n]=find(A),[m,n,v]=find(A)。

```
%例2-35
>>A=[1 0 3;3 0 1];
>>find(A)
ans=
    1
    2
    5
    6
>>[m,n]= find(A)
m=
    1
    2
    1
    2
n=
    1
    1
    3
    3
>>[m,n,v]=find(A)
m=
    1
    2
    1
    2
n=
    1
    1
    3
    3
v=
    1
    3
    3
    1
```

例 2-36 已知二维数组 $A=[0.1\ 0.6]$;$B=[0.1\ 0.6]$;$C=['TinTin']$;求 isequal(A,B),isequal(A,C),isnumeric(A),isnumeric(B),isnumeric(C)。

```
%例2-36
>>A=[0.1 0.6];
>>B=[0.1 0.6];
```

```
>>C=['TinTin'];
>>isequal(A,B)
ans=
    1
>>isequal(A,C)
ans=
    0
>>isnumeric(A)
ans=
    1
>>isnumeric(B)
ans=
    1
>>isnumeric(C)
ans=
    0
```

例 2-37 已知 $A=20, B=35$,求 $\text{bitand}(A,B), \text{bitor}(A,B), \text{bitcmp}(A,5), \text{bitxor}(A,B)$。

```
%例 2-37
>>A=20;B=35;
>>bitand(A,B)
ans=
    0
>>bitor(A,B)
ans=
    55
>>bitcmp(A,5)
ans=
    11
>>bitxor(A,B)
ans=
    55
```

例 2-38 执行下面的命令,观察运行结果。体会捷径与和捷径或。

```
%例 2-38
%可以在 exam2_2_gvar1.m 中设置断点以便更好观察
>>mycmp=(exist('exam2_2_gvar1.m')==2)&&(exam2_2_gvar1(5)==5)
mycmp=
    1
>>a=2;b=3;mycmp=(b~=0)||(a/b>10)
mycmp=
    1
```

2.4.4 运算符的优先级

运算符的优先级从高到低排列如下：
- ()
- .'、.^、'、^
- +/− 、~
- .*、./、.\、*、/、\
- +、−
- :
- <、<=、>、>=、==、~=
- &
- |
- &&
- ||

2.4.5 MATLAB 的基本初等函数

MATLAB 中的基本初等函数是指三角函数、对数函数、指数函数和复数函数等。
- $abs(x)$：纯量的绝对值或向量的长度。
- $sqrt(x)$：开平方。
- $real(z)$：复数 z 的实部。
- $imag(z)$：复数 z 的虚部。
- $conj(z)$：复数 z 的共轭复数。
- $angle(z)$：复数 z 的相角。
- $round(x)$：四舍五入至最近整数。
- $fix(x)$：无论正负，舍去小数至最近整数。
- $floor(x)$：地板函数，即舍去正小数至最近整数。
- $ceil(x)$：天花板函数，即加入正小数至最近整数。
- $rat(x)$：将实数 x 化为多项分数展开。
- $rats(x)$：将实数 x 化为分数表示。
- $sign(x)$：符号函数(signum function)。
  当 $x<0$ 时，$sign(x)=-1$；
  当 $x=0$ 时，$sign(x)=0$；
  当 $x>0$ 时，$sign(x)=1$。
- $rem(x,y)$：求 x 除以 y 的余数。
- $gcd(x,y)$：整数 x 和 y 的最大公因数。
- $lcm(x,y)$：整数 x 和 y 的最小公倍数。
- $exp(x)$：自然指数。

- pow2(x):2 的指数。
- log(x):以 e 为底的对数,即自然对数。
- log2(x):以 2 为底的对数。
- log10(x):以 10 为底的对数。

例 2-39 演示 MATLAB 基本运算函数的用法。

```
%例 2-39
>>abs(-5)              %纯量的绝对值或向量的长度
>>sqrt(-1)             %开平方
>>real(1+2i)           %复数的实部
>>imag(1+2i)           %复数的虚部
>>conj(1+2i)           %复数的共轭复数
>>angle(1+2i)          %复数 z 的相角
>>round(5.6)           %四舍五入至最近整数
>>fix(5.6)             %无论正负,舍去小数至最近整数
>>floor(5.6)           %地板函数,即舍去正小数至最近整数
>>ceil(5.1)            %天花板函数,即加入正小数至最近整数
>>rat(3.14)            %将实数 x 化为多项分数展开
>>rats(3.14)           %将实数 x 化为分数表示
>>sign(-5)             %符号函数 (Signum function)
                       %当 x<0 时,sign(x)=-1
                       %当 x=0 时,sign(x)=0
                       %当 x>0 时,sign(x)=1
>>rem(10,3)            %求 x 除以 y 的余数
>>gcd(18,6)            %整数 x 和 y 的最大公因数
>>lcm(6,9)             %整数 x 和 y 的最小公倍数
>>exp(0)               %自然指数
>>pow2(6)              %2 的指数
>>log(exp(2))          %以 e 为底的对数,即自然对数
>>log2(64)             %以 2 为底的对数
>>log10(100)           %以 10 为底的对数
```

2.5 MATLAB 的数据精度

2.5.1 MATLAB 的数据类型

MATLAB 的基本数值数据类型有两类:整数型和浮点型。

整数型数据按照表示范围可以分为 int8、int16、int32、int64、uint8、uint16、uint32 和 uint64 8 种类别,其中,每种类型标识的数据范围如表 2-4 所示。当数据超过表示范围时,MATLAB 将数据表示成该类型的最大值或者最小值。表 2-4 列出了这 8 种整数型数据类型。

表 2-4　整数型数据类型

整 数 类 型	表 示 范 围	整 数 类 型	表 示 范 围
int8	$-2^7 \sim 2^7-1$	uint8	$0 \sim 2^8-1$
int16	$-2^{15} \sim 2^{15}-1$	uint16	$0 \sim 2^{16}-1$
int32	$-2^{31} \sim 2^{31}-1$	uint32	$0 \sim 2^{32}-1$
int64	$-2^{63} \sim 2^{63}-1$	uint64	$0 \sim 2^{64}-1$

例 2-40　在命令窗口中输入如下语句,观察运行结果。

```
%例 2-40
>>int8(234)
ans=
    127
>>int8(-234)
ans=
    -128
```

浮点型数据按照表示范围可分为单精度和双精度两种类型,其中每种类型表示的数据范围如表 2-5 所示。双精度数据能够表示的最小实数为 2^{-1022},即用双精度表示数据的精度为 2^{-1022}。MATLAB 中默认的数据类型为双精度类型。表 2-5 列出了这两种浮点型数据类型。

表 2-5　浮点型数据类型

浮 点 类 型	表 示 范 围
单精度 single	$-2^{128} \sim 2^{-126}, 2^{-126} \sim 2^{128}$
双精度 double	$-2^{1024} \sim 2^{-1022}, 2^{-1022} \sim 2^{1024}$

2.5.2　MATLAB 的数值精度

MATLAB 的数值精度就是 MATLAB 能够表示的最小实数。任何一个绝对值小于 MATLAB 的数值精度的实数都被当成 0 处理。在 MATLAB 7.*版本中,MATLAB 能够表示的最小实数为 2^{-1074},任何绝对值小于 2^{-1074} 的实数,MATLAB 都将视其为 0。

例 2-41　在命令窗口输入如下语句后,观察 MATLAB 能表示的数值精度。

```
%例 2-41
>>x=2^(-1074)
x=
    4.9407e-324
>>x==0
ans=
    0
>>x=2^(-1075)
```

```
x=
    0
>>x==0                    %由于 2^(-1075)<2^(-1074),MATLAB 视其为 0,通过和 0 比较,返回值为真
ans=
    1
```

注意：如果在 MATLAB 中要判断某个实数是否等于 0,最好将其与 2^{-1074} 相比较,看它的绝对值是否小于等于 2^{-1074}。对于具体问题,也可以采用 MATLAB 中的内置常量 eps 来判断实数是否等于 0,其值为 2.2204×10^{-16}。

2.5.3　MATLAB 的显示精度

MATLAB 的显示精度是指 MATLAB 显示的有效位数。MATLAB 的显示精度是可以修改的,显示精度修改了,数据并没有变化,只是数据在 MATLAB 命令窗口中显示的有效位数不同而已。MATLAB 中有如下所示三个函数可以设置显示精度,即 format、vpa 和 digits。

format：格式函数。
vpa：将数据表示为 n 位有效位数的形式。
digits：设置默认的精度。

例 2-42　在命令窗口中输入如下命令,观察 format、vpa 和 digits 函数的运行结果。

```
%例 2-42
>>x=1/3
x=
    0.3333
>>format long
>>x=1/3
x=
    0.333333333333333
>>format rational
>>x=1/3
x=
    1/3
>>digits(5)
>>vpa(x)
ans=
0.33333
>>vpa(100/33,10)
ans=
3.03030303
```

2.6　MATLAB 程序控制结构

MATLAB 提供了丰富的流程控制语句进行具体的程序设计,MATLAB 语言的流程控制结构有顺序结构、分支结构和循环结构三种。

2.6.1 顺序结构

顺序结构就是按顺序执行程序中的各条语句。语句在程序文件中的物理位置反映了程序的执行顺序。虽然大多数程序包含子结构,但是它们整体上都是顺序结构。

2.6.2 分支结构

分支结构包括 if 语句和 switch 语句。

(1) if-then-else 语句

一般形式:

```
if <判断语句>
    语句 1
else 语句 2
end
```

简化形式:

```
if <判断语句>
    语句 1
end
```

嵌套形式:

```
if <判断语句 1>
    语句 1
elseif <判断语句 2>
    语句 2
elseif <判断语句 3>
    语句 3
...
end
```

(2) switch-case 语句

一般形式:

```
switch <判断值>
case 判断值 1
    语句 1
case 判断值 2
    语句 2
...
otherwise
    语句 n
end
```

2.6.3 循环结构

循环结构包含 for-end 语句、while-end 语句。
（1）for-end 语句
一般形式：

```
for 循环控制变量=起始值:步长:终止值
    循环体
end
```

（2）while-end 语句
一般形式：

```
while <循环判断语句>
    循环体
end
```

2.6.4 其他语句

1. break 和 continue 语句

MATLAB 提供了 break 和 continue 语句控制循环语句的终止。break 语句用于立即跳出含该 break 语句的循环语句，当程序运行至 break 命令时，不论循环控制变量是否满足循环判断语句，均将立刻退出当前循环，执行循环后的其他语句；continue 语句用于提前结束当前循环，当程序流程运行至 continue 命令时，会忽略其后的循环体内部代码而执行下一次的循环。

- break 语句用于立即跳出含该 break 语句的循环语句。
- continue 语句用于提前结束当前循环。

2. return 语句

MATLAB 提供了 return 语句用于终止当前命令的执行。在任何地方遇到 return 时，程序立即终止。

3. try-catch 语句

MATLAB 提供了 try-catch 语句用于实现异常处理机制。
- 需要检测的程序必须放在 try 语句块中执行。
- 异常由 catch 语句捕获并处理。

例 2-43 将百分制的学生成绩转换为五级制的成绩输出。

```
%例 2-43
%先用 if 语句完成
>>clear
```

```
>>n=input('输入n=');
if n>=90
    r='A'
elseif n>=80
    r='B'
elseif n>=70
    r='C'
elseif n>=60
    r='D'
else
    r='E'
end
输入 n=12                    %用户利用 input 函数在程序运行时输入数据值
r=
E
%再用 switch 语句完成
>>clear
>>n=input('输入n=');
switch fix(n/10)
    case {10,9}
        r='A'
    case 8
        r='B'
    case 7
        r='C'
    case 6
        r='D'
    otherwise
        r='E'
end
输入 n=99                    %用户利用 input 函数在程序运行时输入数据值
r=
A
```

例 2-44 使用 while 循环计算 $1+2+3+\cdots+100$。

```
%例 2-44
%先使用 for-end 语句
>>clear
>>clear
sum=0;
for i=1:1:100
    sum=sum+i;
end
sum
```

```
sum=
    5050
%再使用 whild-end 语句
>> clear
>> sum=0;i=0;
>> while i<100
    i=i+1;
    sum=sum+i;
end
>> sum
sum=
    5050
```

例 2-45 在命令窗口中输入如下语句,观察 continue 和 break 的用法。

```
%例 2-45
%先看 break 的功能
for ii=1:5;
    if ii==3;
        break;
    end
    fprintf('ii=%d\n',ii);
end
disp('End of loop!');
ii=1
ii=2
End of loop!
%再看 continue 的功能
for ii=1:5;
    if ii==3;
        continue;
    end
    fprintf('ii=%d\n',ii);
end
disp('End of loop!');
ii=1
ii=2
ii=4
ii=5
End of loop!
```

例 2-46 在命令窗口中输入如下命令,观察 try-catch 的功能。

```
%例 2-46
%先看下面的代码,观察当用户输入 4 时的运行结果
>> clear;
```

```
>>N=input('please input N=');
>>A=magic(3);
>>A_N=A(N,N);
>>please input N=4
??? Attempted to access A(4,4); index out of bounds because
size(A)=[3,3].
%再看如下代码中加入了try-catch代码后的运行结果
>>clear;
N=input('please input N=');
A=magic(3);
try
    A_N=A(N,N)
catch
    A_end=A(end,end)
end
lasterr
please input N=4
A_end =
    2
ans =
Attempted to access A(4,4); index out of bounds because size(A)=[3,3].
```

2.7 MATLAB 的 M 文件

M 文件是包含 MATLAB 代码的文件。在 MATLAB 中，除了可以在命令窗口中输入命令逐句执行外，也可以和其他高级语言一样采用编程的方式，称为 M 文件编程。

2.7.1 MATLAB 编程概述和编程原则

1. 概述

MATLAB 不仅是功能强大的高级语言，而且是一个集成的可视化的交互式开发环境，用户可以在 MATLAB 提供的环境中编写和调试 MATLAB 程序。

开发 MATLAB 程序需要经过代码编写、代码调试和代码优化三个阶段。

(1) 代码编写阶段

在编写代码阶段，用户在 MATLAB 提供的编辑调试器中编写、修改和保存 M 文件。

(2) 代码调试阶段

在代码调试阶段，用户在 MATLAB 提供的编辑调试器中调试运行代码，看有没有运行错误，然后根据编辑调试器中提供的错误信息对程序进行修改。整个调试过程需要通过 Debug 菜单下的设置断点、逐步执行等子项来完成。

(3) 代码优化阶段

在代码优化阶段，程序运行无误后，还要考虑程序的性能是否可以加以改进。

MATLAB 提供了 M-Lint 和 Profiler 工具,能够辅助用户分析代码运行中时间消耗的信息等编程细节,如:循环赋值前没有预定义数组,用循环去实现可以用数组函数实现的运算等。

2. MATLAB 编程原则

MATLAB 的编程原则如下:
- 百分号"%"后面的内容是程序的注释信息,运用注释信息可以使程序的可读性更强。
- clear 命令用于清除变量,通常用于主程序开头,可以清除工作空间中其他变量对程序运行的影响。避免在子程序中使用 clear 命令。
- 调用函数前的参数赋值要在程序的开始部分,便于管理和维护。
- 充分利用 MATLAB 提供的函数来进行运算。
- 在语句后输入分号,使中间结果不显示在屏幕上,可以提高执行速度。
- 输入少量数据时,可以使用 input 命令,但是大量的数据输入,则最好通过子程序完成,在主程序中只需要调用该子程序即可。
- 尽量采用主程序调用子程序的方法,将所有子程序合在一起完成主程序的功能,使主程序清晰易读,便于维护。
- 充分利用调试功能对程序进行调试,有的时候隐含的逻辑错误更不容易发现,危害却更大。
- 设置 MATLAB 的工作路径和当前工作目录,方便操作和运行程序。

2.7.2 M 文件的类型

M 文件按其内容和功能可以划分为命令文件和函数文件两大类。

1. 命令文件

命令文件,在 MATLAB7.12 版本中也称为脚本文件,是 MATLAB 代码按顺序组成的命令序列,不接受输入参数和输出参数,与 MATLAB 工作空间共享变量空间,可以对工作空间中的变量进行操作,也可以产生新的变量。命令文件产生的所有变量都保存在工作空间里,用户可以随后对它们进行操作。

命令文件一般用来实现一个相对独立的,不需要参数传递的功能,比如,求解微分方程、分析、绘图等。类似于批处理文件,用户可以把若干 MATLAB 命令写入一个命令文件中,需要的时候调用该命令文件实现其中所有的 MATLAB 命令。

命令文件的调用方法:在 MATLAB 命令窗口中直接输入命令文件的文件名即可。

重要提示:
(1) 命令文件最好保存在当前目录下。
(2) 命令文件的文件名与内置函数以及工具箱函数不应重名。
(3) 命令文件的文件名不要与其他命令文件以及工作空间中的变量重名。

2. 函数文件

MATLAB 的函数文件用来定义一个函数，需要制定输入参数和输出参数。函数文件中的代码处理输入参数传递来的数据，然后将处理结果作为输出参数返回。函数文件具有独立的内部变量空间。在调用该函数文件时，需要指定实际参数。

MATLAB 提供的许多函数就是用函数文件编写的，尤其是各种工具箱中的函数，用户可以打开这些 M 文件来查看。通过函数文件，用户可以把具有某个功能的 MATLAB 代码封装成函数接口，以后可以直接调用。实际上，函数文件是扩展 MATLAB 功能并对其进行二次开发的强有力的工具，因为对于领域用户，如果积累了充分的专业领域应用所需要的函数，就可以自己组建专业的工具箱了。

函数文件的调用方法：需要调用函数的时候，直接输入函数文件的文件名并代入指定的实际参数即可。MATLAB 支持函数的嵌套调用和递归调用。

函数文件的格式一般包含如下几个部分（如图 2-2 所示）：

- 函数定义行：只出现在函数文件的第一行，通过 function 关键字表明此文件是一个函数文件，并指定函数名、输入和输出参数。
- H1 行：帮助文字的第一行，也是函数文件的第二行。给出函数文件关键帮助信息。当用 lookfor 命令查找函数时，lookfor 只在 H1 行中搜索并且只显示该行。
- 帮助正文：更加详细说明函数文件，解释函数文件的功能，函数文件中出现的变量和参数的含义，以及创作版权信息等。当获取一个函数文件的帮助时，H1 行和帮助正文同时显示。
- 函数体：函数文件实现功能的代码部分，通常包含调用子函数、流程控制、交互式输入输出、计算、赋值、注释和空行等语句。

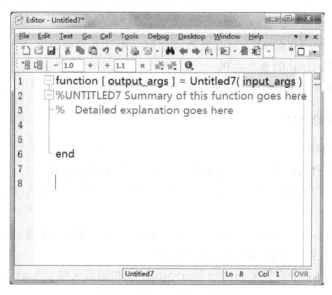

图 2-2 函数文件的组成要素

- 注释部分：用来注释函数文件的具体运行过程，方便阅读和修改。注释语句以"%"开头，可以出现在 M 文件的任何地方，可以在一行代码的后面加注释语句，"%"后面的代码不执行。

重要提示：
（1）输出参数多于一个时，应使用中括号；
（2）输入参数多于一个时用逗号隔开；
（3）函数名与所存的 M 文件名应同名；
（4）函数体中可使用错误提示信息：warning('message')。

3. 函数文件和命令文件的区别

- 函数文件用 function 关键字定义，而命令文件则不用。
- 函数文件可以传递参数，而命令文件不能传递参数。
- 函数文件中定义和使用的是局部变量，只在函数的工作区内有效。一旦退出函数即为无效变量。而命令文件中的变量都是全局变量，退出命令文件后仍然有效。
- 函数文件能够扩展 MATLAB 的功能，用户可以构造一个全新的 MATLAB 函数。

2.7.3　M 文件的创建

M 文件是由 MATLAB 语言编写的，可在 MATLAB 环境下运行的源代码文件。M 文件可以在 MATLAB 的程序编辑器中编写，也可以在文本编辑器中编写，都以.m 为扩展名加以存储。

1. 命令文件的创建

基本步骤如下：
① 打开 MATLAB 的 M 文件编辑器或任何一个文本编辑器；
② 输入 MATLAB 的命令代码；
③ 保存文件名为 filename.m 即完成了命令文件的创建。

2. 函数文件的创建

基本步骤如下：
① 打开 MATLAB 的 M 文件编辑器或任何一个文本编辑器；
② 输入 MATLAB 的代码，注意第一行必须用 function 关键字定义函数名、输入输出参数等信息；
③ 保存文件名为 funcname.m，即完成了命令文件的创建。注意，文件名与函数名应同名，最好将 M 文件放置在 MATLAB 搜索路径下。

例 2-47　创建命令文件 exam2_47_mymfile.m 和函数文件 exam2_47_myffile.m。

```
%例 2-47
%创建命令文件 exam2_47_mymfile.m
```

```
%在 M 文件编辑器中,单击 New Script 按钮,在弹出的代码页中编写代码:
a=1;b=2;c=3;
A=[1:5;linspace(1,2,5);logspace(1,2,5)];
a+b+c
A+A
%将命令文件保存在 exam2_47_mymfile.m 中
%在命令窗口中的提示符后输入 myMfile,运行该命令文件,得到如下结果
>>exam2_47_mymfile
ans=
     6
ans=
     2          4          6          8          10
     2          5/2        3          7/2        4
     20         4339/122   3605/57    14171/126  200
%再创建函数文件 exam2_47_myffile.m
%在 M 文件编辑器中,单击菜单 New 中的 function 项,在弹出的代码页中编写代码:
function [ y ]=exam2_47_myffile ( x )
%the first M function file
y=x;
end
%将函数文件保存在 exam2_47_myffile.m 文件中。
%在命令窗口中输入函数文件名以及实参: exam2_47_myffile(10)
%调用该函数文件,得到如下结果:
>>exam2_47_myffile(10)
ans=
    10
```

2.8 MATLAB 函数

MATLAB 中的函数以不同方式提供给用户:一种是以内置方式存在于 MATLAB 核心中的函数,如 sqrt 和 sin 函数等;另一种通过函数文件实现的函数,如 gamma 函数和用户自定义函数等。前一种函数在 MATLAB 核心中,用户看不到代码,执行效率非常高;后一种函数是通过函数文件实现的函数,用户可以打开 M 文件看到实现代码,极大地扩展了 MATLAB 的功能。

2.8.1 MATLAB 的函数类型

MATLAB 中的函数可以分为匿名函数、函数文件主函数、子函数、嵌套函数、私有函数和重载函数。

1. 匿名函数

匿名函数是面向命令行代码的函数,通常只由一句很简单的声明语句组成。

匿名函数也可以接受多个输入和输出函数。匿名函数的优点是不需要维护一个函数文件,只需要一句非常简单的语句,就可以在命令窗口或 M 文件中调用函数。

调用格式:

fhandle=@(arglist)expr

其中:

- expr 通常是一个简单的 MATLAB 变量表达式,实现函数的功能;
- arglist 是参数列表,它指定函数的输入参数列表,对于多个输入参数的情况,通常需要用逗号分隔各个参数;
- 符号"@"是 MATLAB 中创建函数句柄的操作符,表示对由输入参数表 arglist 和 expr 确定的函数创建句柄,并把这个函数句柄返回给变量 fhandle,这样就可以通过 fhandle 来调用定义好的这个函数。

例 2-48 创建匿名函数 myfuncHandle,输入参数为 x,函数完成计算 $x\wedge 2+2*x+1$。

```
%例 2-48
>>myfuncHandle=@(x)(x^2+2*x+1)              %创建了一个匿名函数
myfuncHandle=
    @(x)(x^2+2*x+1)
>>myfuncHandle(10)
ans=
    121
```

说明:该例程创建了一个匿名函数,它有一个输入参数 x,它的功能是对于输入参数 x,计算 $x\wedge 2+2*x+1$ 的值,并把这个函数句柄保存在变量 myfuncHandle 中,以后可以通过 myfuncHandle(x)来计算 $x\wedge 2+2*x+1$ 的值。

注意:

- 匿名函数的参数列表 arglist 可以包含一个参数或多个参数,实际调用的时候要按照顺序给出实际参数。
- arglist 也可以不包含参数,这种情况下,需要在函数句柄后紧跟一个空的小括号,即通过 fhandle()的形式来调用。否则,只显示 fhandle 句柄对应的函数形式。
- 匿名函数可以嵌套,即在 expr 表达式中可以用函数来调用一个匿名函数句柄。
- 匿名函数可以保存在 mat 文件中,可以通过 save 命令将匿名函数句柄保存在 myfuncHandle.mat 中。需要用到匿名函数 myfuncHandle 时,使用 load 命令就可以了。

2. 函数文件主函数

一个函数文件只能包含一个主函数,每个函数文件第一行定义的函数就是函数文件主函数,通常将函数文件名和主函数名保持一致。

主函数是针对其内部的嵌套函数和子函数而言。一个函数文件中除了一个主函数外,还可以编写多个嵌套函数或子函数,以便在主函数中进行调用。

3. 子函数

一个函数文件只能包含一个主函数,但一个函数文件中可以包含多个函数,这些编写在主函数之后的函数都成为子函数。

所有子函数都有自己独立的结构,只需要在位置上处在主函数之后即可。各个子函数的前后顺序都可以任意放置,与被调用的前后顺序无关。所有子函数只能被其所在的函数文件中的主函数或其他子函数调用。

函数文件内部发生函数调用时,首先检查该函数文件中是否存在相应名称的子函数;然后检查该函数文件所在目录的子目录下是否存在同名的私有函数;然后按照MATLAB搜索路径检查是否存在同名的函数文件或内部函数。

注意:

- 函数调用时,首先检查相应的子函数,因此,可以通过编写同名子函数的方法实现函数文件内部的重载。
- 子函数的帮助文件可以通过 help 命令显示,如 myfunc.m 函数文件中有名为 myfunc 的主函数和名为 mysubfunc 的子函数,则可以通过 help myfunc＞mysubfunc 命令来获取子函数的帮助信息。

4. 嵌套函数

函数文件中,一个函数定义的内部可以定义一个或多个函数,这种定义在其他函数内部的函数就称为嵌套函数。嵌套函数可以多层发生,即一个函数内部可以嵌套多个函数,这些嵌套函数内部也可以继续嵌套其他函数。

一般格式:

```
function x=funcA(a,b)
…
    function y=funcA1(c)
    …
        function z=funcA11(d,e)
        …
        end
        …
        function w=funcA12(f)
            …
        end
        …
    end
    …
    function s =funcA2(g)
       …
        function t=funcA21(h)
```

```
        ...
      end
    ...
  end
...
end
```

注意：

- 一般函数代码中不需要专门表明 end 关键字，但在使用嵌套函数时，每一层函数都必须要明确标出 end 关键字表示函数结束。
- 外层函数可以调用向内一层直接嵌套的函数（funcA 可以调用 funcA1），但是不能调用更深层次的嵌套函数（funcA 不能调用 funcA11）。
- 嵌套函数可以调用与自己具有相同父函数的其他同层嵌套函数（funcA11 可以和 funcA12 互相调用）。
- 嵌套函数也可以调用其父函数或与父函数或与父函数具有相同父函数的其他嵌套函数（funcA11 可以调用 funcA1 和 funcA2），但不能调用与其父函数具有相同父函数的其他嵌套函数内深层嵌套的函数（funcA11 不能调用 funcA21）。

5. 私有函数

私有函数是具有限制性访问权限的函数，它们对应的函数文件需要保存在 private 文件夹下，这些私有函数在编写上和普通的函数文件没有什么区别。但是私有函数只能被 private 目录的直接父目录下的命令文件或函数文件的主函数调用。

私有函数的帮助文件也可以通过 help 命令显示，但是需要声明其私有的特点，通过 help private/myprivatefunc 命令来实现。

6. 重载函数

"重载"是计算机编程中非常重要的概念，它经常用在处理功能类似但参数类型或者参数个数不同的函数编写中。

MATLAB 中，重载函数通常放置在不同的文件下，通常文件夹名称以符号"@"开头，然后跟一个代表 MATLAB 数据类型的字符。如 @double 目录下的重载函数的输入参数应该是双精度浮点型，而 @int16 目录下的重载函数的输入参数应该是 16 位整型。

2.8.2 MATLAB 的函数调用和参数传递

MATLAB 中，可以在命令窗口通过命令行直接调用函数，也可以在 M 文件（命令文件或函数文件）中调用。

MATLAB 中，参数传递一般是按值传递。

1. 函数调用

通过输入 M 文件名和相应的实际参数，就可以从命令行或者 M 文件（命令文件或函数文件)调用另外一个 M 文件(命令文件或函数文件)时。

函数调用顺序：
- 变量。在进行函数名匹配之前，先在当前工作空间查找是否存在以此为名的变量，若存在，则认为是变量，结束查找，输出变量的值。
- 子函数。
- 私有函数。
- 类的构造函数。
- 重载函数。
- 当前路径上的函数。
- 搜索其他路径。

用 which 命令可以查询 MATLAB 会调用哪个函数。例如：

```
>>which sin              %double method
built-in(C:\Program Files\MATLAB\R2011a\toolbox\matlab\elfun\@double\sin)
```

函数调用语法：

funcname 参数 1 参数 2 … 参数 n
output=funcname(参数 1,参数 2,…,参数 n)
[out1,out2,…,outn]=funcname(参数 1,参数 2,…,参数 n)

2. 参数传递

MATLAB 中，参数传递过程主要是按值传递，也就是说，在函数调用过程中，MATLAB 将传入的实际参数变量值赋给形式参数指定的变量名，这些变量都存储在函数的独立的变量空间中，该空间和工作空间是独立的。MATLAB 的按值传递机制，当一个函数调用发生时，MATLAB 将会复制实参生成一个副本，然后把它们传递给函数。这次复制是非常重要的，因为它意味着虽然函数修改了输入参数，但它并没有影响到调用者的原值，防止了因函数修改变量而导致的严重错误。

对函数调用时，返回参数个数可以少于函数定义时的返回参数个数，但是不可以多于。比如，一个函数定义有 n 个返回参数，但是调用时，可以使用 $0\sim n$ 个返回参数。不需要的返回参数被丢弃。函数调用时，按照定义时指定的顺序来返回参数。

例 2-49 sample.m 函数文件帮助理解 MATLAB 中参数的传递。

```
%例 2-49
%在 Editor 中输入如下的代码,保存为 exam2_49_sample.m 函数文件
function out=exam2_49_sample (a,b) %文件名和主函数名相同
fprintf('In Sample,before compute: a=%f,b=%f\n',a,b);
a=b+2*a;
b=a*b;
out=a+b;
fprintf('In Sample,after compute: a=%f,b=%f\n',a,b);
```

```
%在命令窗口中,输入以下命令来调用sample函数:
>>a=2; b=6;
>>fprintf('Before sample: a=%f,b=%f\n',a,b);
Before sample: a=2.000000,b=6.000000
>>out=exam2_49_sample (a,b);
In Sample,before compute: a=2.000000,b=6.000000
In Sample,after compute: a=10.000000,b=60.000000
>>fprintf('After sample: a=%f,b=%f\n',a,b);
After sample: a=2.000000,b=6.000000
>>fprintf('After sample: out=%f\n',out);
After sample: out=70.000000
```

2.8.3 M文件的调试

1. MATLAB主要出错类型

MATLAB程序出错主要分为两类:
- 语法错误,通常发生在M文件的解释过程中,一般是函数参数输入类型有误或者矩阵运算阶数不符,或者缺少括号、引号等,在运行时刻能检测出大多数该类错误,并指出错在哪一行。
- 执行错误,是程序运行过程中出现溢出或者死循环等错误造成的,执行错误与程序本身的逻辑有关,比较难发现和难解决。

2. 常用调试方法

下面是两种常用的调试方法:

(1) 直接调试法

直接调试法就是在M文件中,将某些语句后面的分号去掉,迫使M文件输出一些中间计算结果,以便发现可能的错误。常用的做法有:
- 在适当位置,添加显示某些关键变量值的语句。
- 利用echo命令,使运行时在屏幕上逐行显示文件内容,echo on能显示M命令文件;echo funcname on能显示名为funcname的函数文件。
- 在原命令文件或者函数文件的适当位置,添加指令keyboard,keyboard语句可以设置程序的断电。
- 通过将原函数文件的函数声明注释掉,可使函数文件变成一个所有变量都保存在工作空间中的命令文件。

(2) 工具调试法

工具调试法就是在程序中设置一些断点,利用MATLAB编辑调试器完成程序的调试。MATLAB编辑调试器是一个综合了代码编写、程序调试的集成可视化开发环境。MATLAB调试过程主要是通过MATLAB编辑调试器的Debug菜单下的子项进行的。利用调试菜单Debug中的一些项进行调试。

Debug 菜单介绍如下：
- Open Files when Debugging：调试时打开 M 文件。
- Step：单步调试程序。
- Step In：单步调试进入子函数。
- Step Out：单步调试从子函数中跳出。
- Run：运行当前 M 文件，快捷键是 F5。
- Go Until Cursor：运行到当前 M 文件到光标所在行的行为。
- Set/Clear Breakpoint：在光标所在行开头设置或清除断点。
- Set/Modify Conditional Breakpoint：在光标所在行开头设置或修改条件断点。
- Enable/Disable Breakpoint：设置当前的断点有效或无效。
- Continue：程序执行到下一个断点。
- Clear Breakpoint in All Files：清除所有打开文件中的断点。
- Stop if Errors/Warnings：程序出错或报警处停止执行。
- Exit Debug Mode：退出调试模式。

注意：有些调试项需要在 M 文件中设置断点，然后运行到断点位置后，这些调试项才可以启用，如 Step、StepIn、StepOut、Go Until Cursor 等。

[实用技巧]

【技巧 2-1】 varargin、nargin、varargout 和 nargout 的使用方法。

在 MATLAB 中，用户可以根据需要自定义函数。这些函数可以选择任意数目的输入和输出参数。如果这些输入和输出参数的个数是确定的，那么在定义函数时用户很好编写。但是，在特殊情况下，需要函数的输入和输出参数是不确定的，这时，用什么方法来定义函数呢？

MATLAB 提供了两对永久变量：varargin 和 nargin，用于检查被调用函数的输入参数数目，检查函数体内的被调用时的输入参数的值；varargout 和 nargout，用于检查被调用函数的输出参数的个数和每个输出参数的值。当输入和输出参数不确定时，参考如下方法。

varargin 有两种用法：

(1) function y＝myfunc(varargin)

MATLAB 使用 varargin{1}来接收第一个输入参数，varargin{2}来接收第二个输入参数，依此类推。

(2) function y＝myfunc(in1,in2,varargin)。

MATLAB 使用 in1 来接收第一个输入参数，in2 来接收第二个输入参数，varargin{1}来接收第三个输入参数，varargin{2}来接收第四个输入参数，依此类推。

varargout 也有两种用法：

(1) function varargout＝myfunc()

MATLAB 使用 varargout{1}来接收第一个输出参数，使用 varargout{2}来接收第二个输出参数，依此类推。

(2) function[out1,out2,varargout]=myfunc()

MATLAB 使用 out1 来接收第一个输出参数，out2 来接收第二个输出参数，varargout{1}来接收第三个输出参数，varargout{2}来接收第四个输出参数，依此类推。

注意：varargin 和 varargout 必须作为最后一个参数，且必须小写。

【技巧 2-2】 字符串的相关技巧实现。

MATLAB 中经常需要对字符串进行操作。MATLAB 提供了一些操作字符串的方法和函数。掌握这些函数，有助于利用 MATLAB 处理各种字符串操作问题。

(1) 通过下标引用字符串中的元素

```
%创建一个字符串变量 str
>>str='I''m TinTin!'
str=
I'm TinTin!
%替换 str 的(5:10)的内容
>>str(5:10)='Snowy '
str=
I'm Snowy !
```

(2) 取子串

```
%取出 str 串中的子串 TinTin
>>substr=str(5:10)
substr=
TinTin
```

(3) 倒排字符串

```
%倒排字符串 str
>>reversestr=str(end:-1:1)
reversestr=
!niTniT m'I
```

(4) 计算字符串中字符的个数

```
%计算字符串中字符的个数
>>number=size(str,2)
number=
    11
```

(5) 字符串中大小写转换

```
%转换字符串中字符的大小写
>>strUPPER=upper(str)
strUPPER=
I'M TINTIN!
>>strLOWER=lower(str)
strLOWER=
```

```
i'm tintin!
```

(6) 查找字符串中出现子串的位置

```
>>findstr(str,'Tin')
ans=
     5    8
>>findstr(str,'Hello')
ans=
     []
```

习题

1. 简述 MATLAB 中命令文件与函数文件的建立方法。
2. 举例说明 MATLAB 中顺序、分支和循环结构的编写方法。

第 3 章 MATLAB 数值运算

[本章要点]

MATLAB 的两种基本数值运算：矩阵和多项式。包含：
- 矩阵的创建方式和修改方式。
- 特殊矩阵的生成方法。
- 矩阵的基本运算和高级运算。
- 多项式的创建方法和多项式运算。

[本章知识点]

向量的创建、引用和基本运算，矩阵的创建、引用和基本运算，多项式的创建和基本运算，应用问题求解。

3.1 向量

向量是组成矩阵的基本元素之一，可以把向量看作一维数组。行向量转置后得到列向量；列向量转置后得到行向量。

3.1.1 向量的创建和引用

向量的创建方法和一维数组的创建方法类似。行向量创建方法如下：
- 直接输入法：在命令窗口中直接输入。
- 冒号输入法：利用":"来创建向量。
- linspace 方法：利用 linspace 函数创建向量。
- logspace 方法：利用 logspace 函数创建向量。

向量的引用方法参考本教程一维数组的引用方法。

例 3-1 在命令窗口中创建向量。

```
>>m1=[1 2 3 4 5 6]              %创建一个行向量
m1=
     1     2     3     4     5     6
>>m2=[1;2;3]                    %创建一个列向量
m2=
```

```
        1
        2
        3
>>m3=[1:6]                          %用冒号法创建行向量
m3=
        1    2    3    4    5    6
>>m4=linspace(1,6,6)                %用linspace函数创建行向量
m4=
        1    2    3    4    5    6
>>m5=logspace(1,2,5)                %用logspace函数创建行向量
m5=
    10.0000   17.7828   31.6228   56.2341   100.0000
```

3.1.2 向量的运算

1. 向量的基本运算

向量可以与常数,也可以与向量做加、减、乘、除的运算。

注意:

- 向量与常数做加减乘除乘方运算时,向量里的每一个元素都与常数进行运算;
- 向量与向量做加、减运算时,要求向量的维度必须相同,并且向量中的每个元素与另一个向量中的每个相对应的元素进行运算;
- 向量与向量做乘、除运算时,对两个向量的维度的要求参考矩阵乘除法;
- 向量与向量做点乘、点除、点乘方运算时,两个向量的维度必须相同,且向量中的每一个元素与另一个向量中的每个相对应的元素进行运算。

例 3-2 向量的基本运算示例。

```
>>m1=linspace(1,6,6)                %用linspace方法创建一维向量
m1=
        1    2    3    4    5    6
>>m1*2                              %向量和数的乘法运算
ans=
        2    4    6    8    10   12
>>power(m1,2)                       %向量的乘方运算
ans=
        1    4    9    16   25   36
>>m2=[1:2:11]                       %用冒号法生成向量
m2=
        1    3    5    7    9    11
>>m1-m2                             %同维向量减法运算
ans=
        0    -1   -2   -3   -4   -5
>>m1*m2                             %同维向量的乘法运算,出现错误提示
??? Error using==>mtimes
```

```
Inner matrix dimensions must agree.
>>m1.*m2                          %同维向量的点乘运算
ans=
    1    6    15    28    45    66
>>m1.^2                           %向量的点乘方运算
ans=
    1    4    9    16    25    36
>>m1.^m2                          %同维向量的点乘方运算
ans=
    1    8    243    16384    1953125    362797056
```

2. 向量的点积运算

两个向量的点积等于一个向量的模与另一个向量在这个向量方向上的投影的乘积。MATLAB 提供了 dot 函数来进行点积运算。向量点积运算的时候,两个向量的维度必须相同。

例 3-3 向量的点积运算示例。

```
%例 3-3
>>m1=[1 3 5 7];
>>m2=[2 4 6 8];
>>dot(m1,m2)
ans=
    100
>>m3=[1 3 5 7 9];
>>dot(m2,m3)                      %两个向量维度不一致,出错
??? Error using==>dot at 30
A and B must be same size.
```

3. 向量的叉积运算

两个向量的叉积为两个向量的交点,并与此两向量所在平面垂直的向量。MATLAB 提供了 cross 函数来进行叉积运算。向量叉积运算的时候,两个向量的维度必须一致,且维度至少有一个为 3。

例 3-4 向量的叉积运算示例。

```
%例 3-4
>>m1=[1 3 5 7];
>>m2=[2 4 6 8];
>>cross(m1,m2)                    %向量的维度为 4,出错
??? Error using==>cross at 37
A and B must have at least one dimension of length 3.
>>m1=[1 3 5];
```

```
>>m2=[2 4 6];
>>cross(m1,m2)
ans=
    -2    4   -2
```

4. 向量的混合积运算

混合积的运算通过 dot 函数和 cross 函数一起来完成。混合积的几何意义为：它的绝对值表示以向量为棱的平行六面体的体积。向量混合积运算的时候，应该注意两个运算的先后顺序不能颠倒。

例 3-5 向量的混合积运算示例。

```
%例 3-5
>>m1=[1 3 5];
>>m2=[2 4 6];
>>m3=[1 3 7];
>>dot(m1,cross(m2,m3))
ans=
    -4
>>cross(m1,dot(m2,m3))               %dot 函数返回值的维度和 m1 不一致，出错
???Error using==>cross at 31
A and B must be same size.
```

3.2 矩阵

矩阵是线性代数的基本运算单元。通常矩阵是指含有 M 行 N 列的矩形结构。矩阵中的元素可以是实数或者复数，由此矩阵可以被划分为实数矩阵和复数矩阵。

线性代数中矩阵的基本形式，以及矩阵的基本运算，如加、减、内积、逆矩阵、矩阵转置、线性方程式、特征值、特征向量和矩阵分解等矩阵运算，MATLAB 均支持。用户通过 MATLAB 处理线性代数中的运算，可以很容易完成复杂的运算工作。

3.2.1 矩阵的创建

MATLAB 中，矩阵主要分为三类：数值矩阵（实数矩阵和复数矩阵）、符号矩阵和特殊矩阵。这些矩阵的创建方法不完全相同。以下主要介绍数值矩阵的几种创建方法。

1. 直接输入法

MATLAB 中元素较少的简单矩阵可以在 MATLAB 命令窗口直接输入。

输入规则：

- 必须以方括号"[ ]"作为矩阵的开始和结束标志；
- 矩阵的行与行之间用分号";"隔开或者分行输入；
- 同一行中不同元素用逗号或者空格符来分割，空格的个数不限；

- 矩阵元素可以采用表达式语句，MATLAB 自动计算结果。

例 3-6 矩阵的直接输入创建法。

```
%例 3-6
>>M=[1 2 3 4 5 6;6 5 4 3 2 1          %用回车代替分号
5,sqrt(25),10-5,0+5,abs(-5),5]        %矩阵元素可以是表达式
M=
     1     2     3     4     5     6
     6     5     4     3     2     1
     5     5     5     5     5     5
```

2. M 文件生成法

MATLAB 中的矩阵可在 M 文件（命令文件）中创建，在命令窗口中直接调用该命令文件。通常对于大型矩阵，用此方式十分方便。

注意：M 文件中的变量名与文件名不能相同，否则调用时会出现变量名与函数名的混乱。

例 3-7 矩阵的 M 文件生成法。

```
%例 3-7
%创建命令文件 exam3_7_mymatrix.m
%命令文件中输入如下代码，创建一个矩阵
M=[1:100;100:-1:1]
%在命令窗口中输入如下命令，调用命令文件 exam3_7_mymatrix.m 中创建的
%矩阵变量到工作空间中
>>exam3_7_mymatrix
```

3. 文本文件生成法

MATLAB 中的矩阵可以由文本文件生成，即事先建立 txt 文件，在命令窗口中用 load 函数调用此 txt 文件即可。

注意：txt 文件中不含变量名称，文件名为矩阵变量名，且 txt 文件中每行数值个数必须相等。

例 3-8 矩阵的文本文件生成法。

```
%例 3-8
%创建文本文件 exam3_8_mymatrix.txt
%在文本文件中输入如下数据，创建一个矩阵
1   3   5   7   9
2   4   6   8   10
%在命令窗口中输入如下命令，加载文本文件 exam3_8_mymatrix.txt 中创建的
%矩阵变量到工作空间中
>>load exam3_8_mymatrix.txt        %从 exam3_8_mymatrix.txt 中加载数据
>>exam3_8_mymatrix                 %加载后数据自动保存在 exam3_8_mymatrix 变量中
```

```
exam3_8_mymatrix =
    1    3    5    7    9
    2    4    6    8   10
```

类似地,MATLAB 中的矩阵可以由 excel 文件生成(利用 xlsread 和 xlswrite 函数完成读写数据的操作),也可以由 dat 文件生成(利用 csvread 函数读入数据)。

例 3-9 矩阵的 xls 文件生成法和 dat 文件生成法。

```
%例 3-9
%创建 excel 文件 exam3_9_mymatrix.xls
%在 excel 文件中输入如下数据,创建一个矩阵
1   2   3   4   5
6   7   8   9   10
%在命令窗口中输入如下命令,加载文本文件 exam3_9_mymatrix.xls 中创建的
%矩阵变量到工作空间中
>>xlsread exam3_9_mymatrix.xls          %从 exam3_9_mymatrix.xls 中加载数据
ans=
    1    2    3    4    5
    6    7    8    9   10
%加载后数据保存在 mymatrix 变量中
>>mymatrix=xlsread('exam3_9_mymatrix.xls')
mymatrix=
    1    2    3    4    5
    6    7    8    9   10
%将数据写入到 xls 文件中
%在当前文件夹下保存数据到 test.xls 文件中
>>xlswrite('test.xls', [1 2 3 4 5 6 7 8 9 10])

%例 3-9
%创建文本文件 exam3_9_mymatrix.dat
%在 dat 文件中输入如下数据,创建一个矩阵
%注意:数据间用逗号隔开
1,2,3,4,5
5,4,3,2,1
%在命令窗口中输入如下命令,加载文本文件 exam3_9_mymatrix.txt 中创建的
%矩阵变量到工作空间中
>>csvread exam3_9_mymatrix.dat          %从 exam3_9_mymatrix.dat 中加载数据
ans=
    1    2    3    4    5
    5    4    3    2    1
%加载后数据保存在 mymatrix 变量中
>>mymatrix=csvread('exam3_9_mymatrix.dat')
mymatrix=
    1    2    3    4    5
    5    4    3    2    1
```

3.2.2 特殊矩阵的创建

MATLAB 中内置了如表 3-1 所示的特殊矩阵的生成函数,利用这些函数,可以生成一些具有特殊性质的矩阵。

表 3-1 MATLAB 中的特殊矩阵

函数名	函 数 功 能	函数名	函 数 功 能
[]	生成空矩阵	diag	生成对角矩阵
eye	生成单位矩阵	triu	生成上三角矩阵
ones	生成全 1 矩阵	tril	生成下三角矩阵
zeros	生成零矩阵	company	伴随矩阵
rand	生成 0~1 之间的随机分布矩阵	sparse	生成稀疏矩阵
randn	生成零均值单位方差正态分布随机矩阵	full	还原稀疏矩阵为完全矩阵
magic	生成魔方矩阵		

1. 空矩阵

函数命令:

[]

调用格式:

M=[]

MATLAB 中把行数、列数为零的矩阵定义为空矩阵。空矩阵在数学意义上讲是空的,但在 MATLAB 中很有用。

例 3-10 创建一个空矩阵。

```
%例 3-10
>>M=[]                %创建一个空矩阵
M=
    []
```

思考:空矩阵的用途?

2. 单位矩阵

函数命令:

eye

调用格式:

eye(n),eye(m,n),eye([m,n]),eye(size(M))

函数功能:

eye(n)表示生成 n×n 单位阵;eye(m,n)表示生成 m×n 单位阵;eye(size(M))表示生成与矩阵 M 维度相同的单位阵。

例 3-11 创建单位阵。

```
%例 3-11
>>eye(3)                        %生成 3×3 矩阵
ans=
    1    0    0
    0    1    0
    0    0    1
>>eye(3,5)                      %生成 3×5 矩阵
ans=
    1    0    0    0    0
    0    1    0    0    0
    0    0    1    0    0
>>M=[1 2 3;3 2 1]               %创建一个 2×3 矩阵
M=
    1    2    3
    3    2    1
>>eye(size(M))                  %创建一个与 M 矩阵维度相同的单位阵
ans=
    1    0    0
    0    1    0
```

3. 全 1 矩阵

函数命令:

ones

调用格式:

ones(n),ones(m,n),ones([m,n]),ones(size(M))

函数功能:

eye(n)表示生成 n×n 全 1 阵;eye(m,n)和 ones([m,n])表示生成 m×n 全 1 阵;eye(size(M))表示生成与矩阵 M 维度相同的全 1 阵。

例 3-12 创建全 1 阵。

```
%例 3-12
>>ones(3)                       %生成 3×3 全 1 矩阵
ans=
    1    1    1
    1    1    1
    1    1    1
>>ones(3,5)                     %生成 3×5 全 1 矩阵
ans=
```

```
           1    1    1    1    1
           1    1    1    1    1
           1    1    1    1    1
```

4. 全零矩阵

函数命令：

zeros

调用格式：

zeros(n),zeros(m,n),zeros([m,n]),zeros(size(M))

函数功能：

zeros(n)表示生成 n×n 全 0 阵；zeros(m,n)和 zeros([m,n])表示生成 m×n 全 0 阵；zeros(size(M))表示生成与矩阵 M 维度相同的全 0 阵。

例 3-13　创建全零阵。

```
%例 3-13
>>zeros(3)                     %生成 3×3 全零阵
ans=
     0    0    0
     0    0    0
     0    0    0
>>zeros(3,5)                   %生成 3×5 全零阵
ans=
     0    0    0    0    0
     0    0    0    0    0
     0    0    0    0    0
```

5. 随机矩阵

函数命令：

rand,randn

调用格式：

rand,rand(n),rand(m,n),rand([m,n]),rand(size(M))
randn,randn(n),randn(m,n),randn([m,n]),randn(size(M))

函数功能：

rand 表示生成一个随机数；rand(n)表示生成 n×n 随机阵；rand(m,n)和 rand([m,n])表示生成 m×n 随机阵；rand(size(M))表示生成与矩阵 M 维度相同的随机阵。

randn(n)表示生成 n×n 正态分布随机阵；randn(m,n)和 randn([m,n])表示生成 m×n 正态分布随机阵；randn(size(M))表示生成与矩阵 M 维度相同的正态分布随机阵。

例 3-14 创建随机阵。

```
%例 3-14
>>rand                          %生成一个随机数
ans=
    0.9134
>>rand(3)                       %生成一个 3×3 随机矩阵
ans=
    0.6324    0.5469    0.1576
    0.0975    0.9575    0.9706
    0.2785    0.9649    0.9572
>>rand(3,5)                     %生成 3×5 随机矩阵
ans=
    0.4854    0.4218    0.9595    0.8491    0.7577
    0.8003    0.9157    0.6557    0.9340    0.7431
    0.1419    0.7922    0.0357    0.6787    0.3922
>>randn                         %生成一个正态分布特征的随机数
ans=
    0.2939
>>randn(3)                      %生成 3×3 正态分布随机矩阵
ans=
   -0.7873   -1.0689    1.4384
    0.8884   -0.8095    0.3252
   -1.1471   -2.9443   -0.7549
>>randn(3,5)                    %生成 3×5 正态分布随机矩阵
ans=
    1.3703   -0.2414   -0.8649    0.6277   -0.8637
   -1.7115    0.3192   -0.0301    1.0933    0.0774
   -0.1022    0.3129   -0.1649    1.1093   -1.2141
%生成均值为 60,方差为 0.05 的 3×3 正态分布随机矩阵
>>miu=60;
>>sigma=0.05;
>>M=miu+sqrt(sigma) * randn(3)
M=
   59.7510   59.8279   60.2498
   59.9985   60.0830   59.7565
   60.3427   59.9496   60.0073
```

6. 魔方矩阵

函数命令:
magic

调用格式:

magic(n)

函数功能

magic(n)表示生成 n 阶魔方矩阵。

注意：魔方矩阵是指 n 阶矩阵的行、列、正反斜对角线之和均相等的矩阵,且 n 不等于 2。

例 3-15 创建魔方矩阵。

```
%例 3-15
>>magic(3)                          %创建 3×3 魔方矩阵
ans=
     8     1     6
     3     5     7
     4     9     2
```

7. 对角矩阵

函数命令：

diag

调用格式：

diag(M),diag(v,k),diag(v),diag(M),diag(M,k)

函数功能：

diag(M)表示抽取矩阵 M 的主对角线元素。

diag(v,k)表示以向量 v 的元素作为矩阵的第 k 条对角线元素。当 k＝0 时,v 为矩阵的主对角线元素;当 k＞0 时,v 为上方第 k 条对角线;当 k＜0 时,v 为下方第 k 条对角线。

diag(v)表示以向量 v 的元素作为矩阵主对角线元素,其余元素为 0。

diag(M)表示抽取矩阵 M 的主对角线元素构成向量。

diag(M,k)表示抽取矩阵 M 第 k 条对角线元素构成向量。k＝0 时,抽取矩阵主对角线元素;k＞0 时,抽取上方第 k 条对角线元素;k＜0 时,抽取下方第 k 条对角线元素。

例 3-16 创建对角矩阵和提取矩阵的对角线元素。

```
%例 3-16
>>v=[1 3 5 7 9]                     %创建参数 v 向量
v=
     1     3     5     7     9
>>M=diag(v)                         %创建对角矩阵,参数 v 为主对角线元素
M=
     1     0     0     0     0
     0     3     0     0     0
     0     0     5     0     0
     0     0     0     7     0
     0     0     0     0     9
>>M=diag(v,0)                       %创建对角矩阵,参数 v 为主对角线元素
M=
```

```
     1     0     0     0     0
     0     3     0     0     0
     0     0     5     0     0
     0     0     0     7     0
     0     0     0     0     9
>>M=diag(v,2)              %创建对角矩阵,参数 v 为主对角线上方第二条对角线元素
M=
     0     0     1     0     0     0     0
     0     0     0     3     0     0     0
     0     0     0     0     5     0     0
     0     0     0     0     0     7     0
     0     0     0     0     0     0     9
     0     0     0     0     0     0     0
     0     0     0     0     0     0     0
>>M=diag(v,-2)             %创建对角矩阵,参数 v 为主对角线下方第二条对角线元素
M=
     0     0     0     0     0     0     0
     0     0     0     0     0     0     0
     1     0     0     0     0     0     0
     0     3     0     0     0     0     0
     0     0     5     0     0     0     0
     0     0     0     7     0     0     0
     0     0     0     0     9     0     0
%从矩阵中提取对角线元素
>>M=magic(3)               %创建 3×3 魔方矩阵
M=
     8     1     6
     3     5     7
     4     9     2
>>v=diag(M)                %提取 M 主对角线元素
v=
     8
     5
     2
>>v=diag(M,2)              %提取 M 主对角线上方第二条对角线元素
v=
     6
>>v=diag(M,-1)             %提取 M 主对角线下方第一条对角线元素
v=
     3
     9
```

8. 三角矩阵

函数命令：
tril,triu

调用格式:

tril(M),tril(M,k),triu(M),triu(M,k)

函数功能:

tril(M)表示抽取矩阵 M 中主对角线的下三角部分构成矩阵。

tril(M,k)表示抽取矩阵 M 中第 k 条对角线的下三角部分(k=0 时,抽取矩阵主对角线元素;k>0 时,抽取主对角线以上元素;k<0 时,抽取主对角线以下元素。

triu(M)表示抽取矩阵 M 中主对角线的上三角部分构成矩阵。

triu(M,k)表示抽取矩阵 M 中第 k 条对角线的上三角部分(k=0 时,抽取矩阵主对角线元素;k>0 时,抽取主对角线以上元素;k<0 时,抽取主对角线以下元素。

例 3-17 创建三角矩阵。

```
%例 3-17
>>M=magic(5)                %创建 5×5 魔方矩阵
M=
    17    24     1     8    15
    23     5     7    14    16
     4     6    13    20    22
    10    12    19    21     3
    11    18    25     2     9
>>Mtril=tril(M)             %提取 M 矩阵的主对角线下三角元素构成矩阵
Mtril=
    17     0     0     0     0
    23     5     0     0     0
     4     6    13     0     0
    10    12    19    21     0
    11    18    25     2     9
>>Mtril=tril(M,2)           %提取主对角线上第二条对角线的下三角元素构成矩阵
Mtril=
    17    24     1     0     0
    23     5     7    14     0
     4     6    13    20    22
    10    12    19    21     3
    11    18    25     2     9
>>Mtril=tril(M,-2)          %提取主对角线下第二条对角线的下三角元素构成矩阵
Mtril=
     0     0     0     0     0
     0     0     0     0     0
     4     0     0     0     0
    10    12     0     0     0
    11    18    25     0     0
>>Mtriu=triu(M)             %提取主对角线的上三角元素构成矩阵
Mtriu=
```

```
    17    24     1     8    15
     0     5     7    14    16
     0     0    13    20    22
     0     0     0    21     3
     0     0     0     0     9
>>Mtriu=triu(M,2)           %提取主对角线上第二条对角线的上三角元素构成矩阵
Mtriu=
     0     0     1     8    15
     0     0     0    14    16
     0     0     0     0    22
     0     0     0     0     0
     0     0     0     0     0
>>Mtriu=triu(M,-2)          %提取主对角线下第二条对角线的上三角元素构成矩阵
Mtriu=
    17    24     1     8    15
    23     5     7    14    16
     4     6    13    20    22
     0    12    19    21     3
     0     0    25     2     9
```

9. 伴随矩阵

函数命令：

compan

调用格式：

compan(M)

函数功能：

compan(M)表示生成矩阵 M 的伴随矩阵。

注意：compan 函数和线性代数中的伴随矩阵略有差异。

例 3-18 生成伴随矩阵。

```
%例 3-18
>>u=[1 0 -7 6];             %向量 u 是多项式 (x-1)(x-2)(x+3)=x³-7x+6 的系数向量
>>A=compan(u)               %生成相应的伴随矩阵
A=
     0     7    -6
     1     0     0
     0     1     0
>>eig(compan(u))            %该伴随矩阵的特征值就是多项式的根
ans=
   -3.0000
    2.0000
    1.0000
```

10. 稀疏矩阵

函数命令：

sparse,full

调用格式：

sparse(M),full(S)

函数功能：

sparse(M)：将完全矩阵转化为稀疏矩阵方式。

full(S)：可以将稀疏矩阵转化为完全矩阵。

特别说明：一些只包含几个非零元素而其他大量的元素都为零值的矩阵被称为稀疏矩阵。如果按普通的矩阵处理方法来处理这类矩阵，会占用许多存储空间，同时也严重影响运行速度。MATLAB 对于具有大量零元素的矩阵，只存储非零元素以及这些元素所对应的下标。这样，使针对零的运算最少，提高了程序的执行效率。

例 3-19   创建稀疏矩阵，转换稀疏矩阵。

```
%例 3-19
>>M=[0 0 0 0 1;1 0 0 0 0;0 0 1 0 0]        %创建矩阵,元素比较稀少
M=
    0    0    0    0    1
    1    0    0    0    0
    0    0    1    0    0
>>S=sparse(M)                              %将完全矩阵 M 转换为稀疏矩阵 S
S=
   (2,1)       1
   (3,3)       1
   (1,5)       1
>>M=full(S)                                %将稀疏矩阵 S 转换为完全矩阵 M
M=
    0    0    0    0    1
    1    0    0    0    0
    0    0    1    0    0
```

3.2.3 矩阵的操纵函数

1. 矩阵元素的扩充

调用格式：

M=[A;B C]

其中 A 是原矩阵；B、C 是扩充矩阵，包含要扩充的元素；M 是扩充后的矩阵。

例 3-20 矩阵元素的扩充。

```
%例 3-20
>>A=magic(3);            %创建矩阵 A,是 3×3 魔方矩阵
>>B=eye(3);              %创建矩阵 B,是 3×3 单位阵
>>C=ones(3);             %创建矩阵 C,是 3×3 全 1 阵
>>M=[A B C]              %扩充 ABC 三个矩阵为矩阵 M
M=
    8    1    6    1    0    0    1    1    1
    3    5    7    0    1    0    1    1    1
    4    9    2    0    0    1    1    1    1
>>M=[A;B;C]              %扩充 ABC 三个矩阵为矩阵 M
M=
    8    1    6
    3    5    7
    4    9    2
    1    0    0
    0    1    0
    0    0    1
    1    1    1
    1    1    1
    1    1    1
```

2. 矩阵元素的删除

调用格式：

M(:,n)=[],M(m,:)=[]

函数功能：

M(:,n)=[]表示删除矩阵 M 的第 n 列元素。

M(m,:)=[]表示删除矩阵 M 的第 m 行元素。

例 3-21 矩阵元素的删除。

```
%例 3-21
>>M=magic(5)             %创建 5×5 魔方矩阵 M
M=
    17   24    1    8   15
    23    5    7   14   16
     4    6   13   20   22
    10   12   19   21    3
    11   18   25    2    9
>>M(:,2)=[]              %删除矩阵 M 第二列所有的元素
M=
```

```
         17     1     8    15
         23     7    14    16
          4    13    20    22
         10    19    21     3
         11    25     2     9
>>M(3,:)=[]                        %继续删除矩阵M第三行所有元素
M=
         17     1     8    15
         23     7    14    16
         10    19    21     3
         11    25     2     9
```

3. 矩阵元素的修改

调用格式：

M(m,n)=a,M(m,:)=[a b…],M(:,n)=[a b…]

函数功能：

M(m,n)=a 表示修改矩阵 M 中第 m 行第 n 列的元素为 a。

M(m,:)=[a b…]表示修改矩阵 M 中第 m 行所有的元素为[a b…]。

M(:,n)=[a b…]表示修改矩阵 M 中第 n 列的所有元素改为[a b…]。

例 3-22 矩阵元素的修改。

```
%例3-22
>>M=magic(3)                       %创建3×3魔方矩阵M
M=
          8     1     6
          3     5     7
          4     9     2
>>M(3,3)=10                        %将矩阵M的第三行第三列元素改为10
M=
          8     1     6
          3     5     7
          4     9    10
>>M(1,:)=[1 2 3]                   %将矩阵M的第一行所有列元素改为新值
M=
          1     2     3
          3     5     7
          4     9    10
>>M(:,1)=[1 2 3]                   %将矩阵M的第一列所有行元素改为新值
M=
          1     2     3
          2     5     7
          3     9    10
```

4. 矩阵元素的数据变换

(1) 矩阵元素取整

函数命令:

floor,ceil,round,fix

调用格式:

floor(M),ceil(M),round(M),fix(A)

函数功能:

floor(M)表示将矩阵中元素向下取整,即取不足整数。
ceil(M)表示将矩阵中元素向上取整,即取过剩整数。
round(M)表示将矩阵中元素按最近整数取整,即四舍五入取整。
fix(A)表示将矩阵中元素按离零近的方向取整。

例 3-23 矩阵元素取整。

```
%例 3-23
>>M=5*rand(3)                %创建了 3×3 随机矩阵
M=
    3.4954    2.7361    1.2875
    4.4545    0.6931    4.2036
    4.7965    0.7465    1.2714
>>M1=floor(M)                %向下取整
M1=
    3    2    1
    4    0    4
    4    0    1
>>M2=ceil(M)                 %向上取整
M2=
    4    3    2
    5    1    5
    5    1    2
>>M3=round(M)                %四舍五入取整
M3=
    3    3    1
    4    1    4
    5    1    1
>>M4=fix(M)                  %去尾法取整
M4=
    3    2    1
    4    0    4
    4    0    1
```

(2) 矩阵元素的有理数形式

函数命令:

rat

调用格式:

[n,d]=rat(M)

函数功能:

[n,d]=rat(M)表示将矩阵 M 表示为两个整数矩阵相除,即 M=n./d。

例 3-24 矩阵的有理形式。

```
%例 3-24
>>M=rand(3)                    %创建 3×3 随机矩阵
M=
    0.9649    0.9572    0.1419
    0.1576    0.4854    0.4218
    0.9706    0.8003    0.9157
>>[n,d]=rat(M)                 %将该随机矩阵表示为两个整数矩阵相除
n=
    687    581     21
     29     83    407
     33    569    163
d=
    712    607    148
    184    171    965
     34    711    178
>>[n,d]=rat(pi)                %将 pi 表示为两个整数矩阵相除
n=
    355
d=
    113
```

(3) 矩阵元素取余数

函数命令:

rem

调用格式

R=rem(M,x)

函数功能:

R=rem(M,x)表示矩阵 M 除以模数 x 后的余数。若 x=0,则定义 rem(M,0)=NaN;若 x!=0,则整数部分由 fix(M./x)表示,余数部分为 A-x.*fix(M./x)。

例 3-25 矩阵元素取余数。

```
%例 3-25
>>M=magic(3)                   %创建 3×3 的魔方矩阵 M
```

```
M=
    8    1    6
    3    5    7
    4    9    2
>>R=rem(M,3)              %对矩阵 M 求模 3 后的余数
R=
    2    1    0
    0    2    1
    1    0    2
```

5．矩阵结构的改变

（1）左右翻转

函数命令：

fliplr

调用格式：

fliplr(M)

函数功能：

fliplr(M)表示矩阵 M 行数不变，其元素左右翻转。

例 3-26 左右翻转矩阵。

```
%例 3-26
>>M=magic(3)              %创建 3×3 魔方矩阵 M
M =
    8    1    6
    3    5    7
    4    9    2
>>fliplr(M)               %左右翻转矩阵 M
ans=
    6    1    8
    7    5    3
    2    9    4
```

（2）上下翻转

函数命令：

flipud

调用格式：

flipud(M)

函数功能：

flipud(M)表示矩阵 M 行数不变，其元素上下翻转。

例 3-27　上下翻转矩阵。

```
%例 3-27
>>M=magic(3)              %创建 3×3 魔方矩阵 M
M=
    8    1    6
    3    5    7
    4    9    2
>>flipud(M)               %上下翻转矩阵 M
ans=
    4    9    2
    3    5    7
    8    1    6
```

(3) 按指定维度翻转

函数命令：

flipdim

调用格式：

flipdim(M,dim)

函数功能：

flipdim(M,1) 表示矩阵上下翻转。

flipdim(M,2) 表示矩阵左右翻转。

例 3-28　按照指定维度翻转矩阵。

```
%例 3-28
>>M=magic(3)              %创建 3×3 魔方矩阵 M
M=
    8    1    6
    3    5    7
    4    9    2
>>flipdim(M,1)            %dim 为 1 时,上下翻转矩阵
ans=
    4    9    2
    3    5    7
    8    1    6
>>flipdim(M,2)            %dim 为 2 时,左右翻转矩阵
ans=
    6    1    8
    7    5    3
    2    9    4
```

(4) 逆时针旋转

函数命令：

rot90

调用格式：

rot90(M),rot90(M,k)

函数功能：

rot90(M)表示矩阵 M 逆时针旋转 90°。

rot90(M,k)表示矩阵逆时针旋转 k×90°,k＝＋－1,＋－2,…

例 3-29 逆时针旋转矩阵。

```
%例 3-29
>>M=magic(3)                %创建 3×3 魔方矩阵 M
M=
    8    1    6
    3    5    7
    4    9    2
>>rot90(M)                  %逆时针旋转矩阵 90 度
ans=
    6    7    2
    1    5    9
    8    3    4
>>rot90(M,2)                %逆时针旋转矩阵 2×90 度
ans=
    2    9    4
    7    5    3
    6    1    8
>>rot90(M,-1)               %顺时针旋转矩阵 90 度
ans=
    4    3    8
    9    5    1
    2    7    6
```

(5) 平铺矩阵

函数命令：

repmat

调用格式：

repmat(M,m,n),repmat(M,[m n]),
repmat(M,m,n,p,…),repmat(M,[m n p…])

函数功能：

repmat(M,m,n)和 repmat(M,[m n])表示矩阵由 m×n 块 M 矩阵平铺而成。

repmat(M,m,n,p,…)和 repmat(M,[m n p…])表示矩阵由 m×n×p×…个 M 矩阵平铺而成。

注意：repmat(M,m,n)中 M 是一个数 a 时,该命令返回全由 a 组成的 m×n 矩阵。

例 3-30　平铺矩阵。

```
%例 3-30
>>M=magic(3)              %创建 3×3 魔方矩阵 M
M=
    8    1    6
    3    5    7
    4    9    2
>>repmat(M,2,2)           %平铺矩阵 2×2 块,即有 2×2 个 M 矩阵平铺排列
ans=
    8    1    6    8    1    6
    3    5    7    3    5    7
    4    9    2    4    9    2
    8    1    6    8    1    6
    3    5    7    3    5    7
    4    9    2    4    9    2
>>repmat(3,2,2)           %平铺数字 3,生成全由 3 组成的 2×2 矩阵
ans=
    3    3
    3    3
```

6．矩阵的变维

矩阵变维有两种方法：":"和函数 reshape。以下是这两种方法的介绍。

(1) ":"方法

调用格式：

M(:)=A(:)

该方法主要用于两个已知维度的矩阵之间变维的操作。

M(:)=A(:)表示将 A 矩阵中的元素按列序排列后,再按照列序合并成与 M 矩阵维度相同的新矩阵,矩阵元素与 A 矩阵一样。

例 3-31　利用":"方法给矩阵变维。

```
%例 3-31
>>A=magic(4)              %创建 4×4 魔方矩阵 A
A=
    16    2    3   13
     5   11   10    8
     9    7    6   12
     4   14   15    1
>>M=eye(2,8)              %创建维度为 2×8 的单位矩阵 M
M=
    1    0    0    0    0    0    0    0
    0    1    0    0    0    0    0    0
```

```
>>M(:)=A(:)              %将矩阵A维度变为2×8,数据不变
M=
    16    9    2    7    3    6   13   12
     5    4   11   14   10   15    8    1
```

(2) reshape 函数

调用格式:

reshape(M,m,n),reshape(M,[m n]),
reshape(M,m,n,p,…),reshape(M,[m n p…])

该方法主要对于单个的矩阵变维操作。

函数功能:

reshape(M,m,n)和 reshape(M,[m n])表示将矩阵 M 的维度变为 m×n,矩阵元素不变。

reshape(M,m,n,p,…) 和 reshape(M,[m n p…])表示将矩阵 M 的维度变为 m×n×p×…,矩阵元素不变。

例 3-32 利用 reshape 函数给矩阵变维。

```
%例 3-32
>>A=magic(4)             %创建4×4魔方矩阵A
A=
    16    2    3   13
     5   11   10    8
     9    7    6   12
     4   14   15    1
>>M=reshape(A,2,8)       %将矩阵A的维度变为2×8,数据不变
M=
    16    9    2    7    3    6   13   12
     5    4   11   14   10   15    8    1
>>M=reshape(A,2,6)       %变维前后矩阵的数据元素的数目应该一致,否则出错
??? Error using==>reshape
To RESHAPE the number of elements must not change.
```

3.2.4 矩阵的引用

调用格式及函数功能:

格式	功能
matrixName(v);	引用矩阵的第 v 个元素,其中 v= (k- 1) * m+ s,参数 m,n 为矩阵维度,s,k 为第 v 个元素所处矩阵的第 s 行第 k 列。
matrixName(m,n);	引用矩阵的第 m 行 n 列的元素。
matrixName(m,:);	引用矩阵的第 m 行的所有列元素。
matrixName(:,n);	引用矩阵的第 n 列的所有行元素。
matrixName(m1:m2,n);	引用矩阵的第 n 列中 m1 至 m2 行的元素。
matrixName(m,n1:n2);	引用矩阵的第 m 行中 n1 至 n2 列的元素。

matrixName([m1 m2],n);   引用矩阵的第 n 列中 m1 行和 m2 行的元素。
matrixName(m,[n1 n2]);   引用矩阵的第 m 行中 n1 列和 n2 列的元素。

例 3-33 已知矩阵 myMatrix＝[1 2 3 4 5 6;6 5 4 3 2 1;5 5 5 5 5 5]，求 myMatric(3)，myMatrix(3,3)，myMatrix(1,:)，myMatrix(:,3)，myMatrix(1:3,1)，myMatrix(1,1:3)，myMatrix([1 3],1)，myMatrix(1,[1 3])。

```
%例 3-33
>>myMatrix=[1 2 3 4 5 6;6 5 4 3 2 1;5 5 5 5 5 5]        %创建 3×6 矩阵
myMatrix=
    1    2    3    4    5    6
    6    5    4    3    2    1
    5    5    5    5    5    5
%提取矩阵的数据元素
>>myMatrix(3)
ans=
    5
>>myMatrix (3,3)
ans=
    5
>>myMatrix (1,:)
ans=
    1    2    3    4    5    6
>>myMatrix (:,3)
ans=
    3
    4
    5
>>myMatrix (1:3,1)
ans=
    1
    6
    5
>>myMatrix (1,1:3)
ans=
    1    2    3
>>myMatrix ([1 3],1)
ans=
    1
    5
>>myMatrix (1,[1 3])
ans=
    1    3
```

3.2.5 矩阵的基本运算

1. 加、减运算

运算符：＋　－

运算规则：矩阵对应元素相加、减，按照线性代数中矩阵加减的操作运算。

例 3-34　矩阵的加减法运算。

```
%例 3-34
>>A=magic(3)              %创建 3×3 魔方矩阵
A=
     8     1     6
     3     5     7
     4     9     2
>>B=ones(3)               %创建 3×3 全 1 矩阵
B=
     1     1     1
     1     1     1
     1     1     1
%矩阵的加减运算
>>A-B
ans=
     7     0     5
     2     4     6
     3     8     1
>>A+B
ans=
     9     2     7
     4     6     8
     5    10     3
>>A-2
ans=
     6    -1     4
     1     3     5
     2     7     0
```

2. 乘法运算

（1）矩阵相乘

运算符：*

运算规则：按照线性代数中矩阵乘法的操作运算，即前面矩阵各行元素分别与后面矩阵各列对应元素相乘并将结果相加。

注意：前面矩阵的列数必须与后面矩阵的行数相同。

例 3-35 矩阵的乘法运算。

```
%例 3-35
>>A=[1 2 3;4 5 6]              %创建 2×3 矩阵
A=
     1     2     3
     4     5     6
>>B=[1 2; 3 4 ; 5 6]            %创建 3×2 矩阵
B=
     1     2
     3     4
     5     6
%矩阵的乘法运算
>>A*B
ans=
    22    28
    49    64
>>B*A
ans=
     9    12    15
    19    26    33
    29    40    51
>>C=ones(2,3)
C=
     1     1     1
     1     1     1
>>A*C                           %维度不符合要求,报错
??? Error using==>mtimes
Inner matrix dimensions must agree.
```

(2) 矩阵与数相乘

运算符：*

运算规则：按照线性代数中矩阵与单个数字乘法的操作运算，即单个数字分别与矩阵各元素相乘。

例 3-36 矩阵的数乘运算。

```
%例 3-36
>>M=magic(3)                    %创建 3×3 魔方矩阵
M =
     8     1     6
     3     5     7
     4     9     2
%矩阵的数乘运算
>>M*3
ans=
```

```
    24     3    18
     9    15    21
    12    27     6
```

(3) 矩阵点乘

运算符：.*

运算规则：按照线性代数中矩阵点乘法的操作运算，即两个维数相同矩阵对应元素相乘。

注意：两个相点乘的矩阵维度必须一致。

例 3-37 矩阵的点乘运算。

```
%例 3-37
>>A=magic(3)                    %创建 3×3 魔方矩阵
A=
     8     1     6
     3     5     7
     4     9     2
>>B=[1 3 5;2 4 6;1 1 1]         %创建 3×3 矩阵
B=
     1     3     5
     2     4     6
     1     1     1
%矩阵的点乘运算
>>A.*B
ans=
     8     3    30
     6    20    42
     4     9     2
```

(4) 内积

函数命令：

dot

调用格式：

dot(A,B);dot(A,B,dim)

函数功能：

dot(A,B)表示 A、B 为矩阵时返回矩阵 A 与 B 的点积(A 与 B 维度相同)。

dot(A,B,dim)表示在 dim 维度数中给出 A 与 B 的点积。

注意：dot(A,B)相当于 sum(A.*B)

例 3-38 矩阵的内积运算。

```
%例 3-38
>>A=[1 3 5;2 4 6]               %创建 2×3 矩阵
A=
```

```
            1    3    5
            2    4    6
>>B=ones(2,3)                    %创建2×3全1矩阵
B=
            1    1    1
            1    1    1
%矩阵的内积运算
>>M=dot(A,B)
M=
            3    7    11
```

(5) 叉积

函数命令：

cross

调用格式：

cross(A,B);cross(A,B,dim)

函数功能：

cross(A,B)表示若A、B为三个元素的向量，则返回A、B的叉乘；若A、B为同维矩阵，则返回一个3×n（列是A、B对应列的叉积且A、B都是3×n矩阵）。

cross(A,B,dim)表示dim维中向量A与B的叉积，A和B必须具有相同的维度，size(A,dim)和size(B,dim)必须是3。

例3-39 矩阵的叉积运算。

```
%例3-39
>>A=[1 2 3];                     %创建三个元素的向量
>>B=[3 2 1];                     %创建三个元素的向量
%矩阵的叉积运算
>>cross(A,B)
ans =
           -4    8    -4
>>A=[1 3;2 4;2 2]
A =
            1    3
            2    4
            2    2
>>B=ones(3,2)
B =
            1    1
            1    1
            1    1
>>cross(A,B)
ans =
```

```
        0     2
        1    -1
       -1    -1
>>A=[1 3 5;2 4 6]
A =
     1     3     5
     2     4     6
>>B=ones(2,3)
B =
     1     1     1
     1     1     1
>>cross(A,B)
ans =
    -2     4    -2
    -2     4    -2
```

(6) 混合积

调用格式:

dot(A,cross(B,C))

函数功能:

混合积由点积和叉积两个函数实现,使用时先叉乘,后点乘,顺序不可颠倒。
可以参考向量的混合积运算。

例 3-40 矩阵的混合积运算。

```
%例 3-40
%参数为向量时的混合积运算
>>m1=[1 3 5];
>>m2=[2 4 6];
>>m3=[1 3 7];
>>dot(m1,cross(m2,m3))
ans=
    -4
>>cross(m1,dot(m2,m3))          %dot 函数返回值的维度和 m1 不一致,出错
??? Error using==>cross at 31
A and B must be same size.
```

(7) 卷积和反褶积

调用格式:

conv(u,v),deconv(u,v),[s,k]=deconv(u,v)

函数功能:

conv(u,v)表示向量 u、v 的卷积运算。
deconv(u,v)表示向量 u、v 的反褶积运算。

[s,k]=deconv(u,v)表示向量 u、v 的反褶积运算结果保存在变量 s、k 中。

这两个运算对应的是多项式的乘法和除法。详细运算方法请参考本章的多项式运算的相关内容。

例 3-41 矩阵的卷积和反褶积运算。

```
%例 3-41
%两个向量的卷积运算
%对应多项式 s²+2s+2 和多项式 s³-1 的乘积
>>conv([1,2,2],[1 0 0 -1])
ans =
     1    2    2    -1   -2   -2
%两个向量的反褶积运算
%对应多项式 s⁵+2s⁴+2s³-2s²-2s-2 和多项式 s³-1 的除法
>>deconv([1 2 2 -2 -2 -2],[1 0 0 -1])
ans=
     1    2    2
```

3. 除法运算

(1) 矩阵左除和右除

运算符：\　/

运算规则：左除和右除用于方程求解时，一般来说，x=A\b 是方程 A*x=b 的解。而 x=b/A 是方程 x*A=b 的解。

注意：如果 A 为非奇异矩阵，则 A\b=inv(A)*b，而 b/A=b*inv(A)，其中 inv 是矩阵的求逆函数。

例 3-42 矩阵的左除和右除运算。已知 A=[1,-3;1,-1]，B=[1;19]，b=[1 19]，求解 A\B、A/B 和 b/A。

```
%例 3-42
>>A=[1,-3;1,-1];B=[1;19];
%A\B
>>A\B
ans=
    28
     9
%A 右除 B
>>A/B
??? Error using==>mrdivide
Matrix dimensions must agree.
%b=[1 19],求解 b 右除 A 的值
>>b=[1 19];
>>b/A
ans=
```

　　　　-10　　11

(2) 矩阵点除

运算符：./

运算规则：$B./A$ 表示矩阵 B 中的元素除以矩阵 A 中的对应元素，结果矩阵的维数不变，其中，A 和 B 的维数相同。

如果 A,B 其中有一个为单个数，则此数与另一个矩阵相应的每个元素做运算，结果矩阵与参加矩阵的维数相同。

例 3-43　矩阵的点除运算。

```
%例 3-43
>>A=[1 3 5 7 9;2 4 6 8 10];
>>B=[1 1 1 1 1;2 2 2 2 2];
%矩阵的点除运算
>>A./B
ans=
     1     3     5     7     9
     1     2     3     4     5
```

4．乘方运算

(1) 矩阵的乘方

运算符：^

运算规则：当 A 为方阵、P 为大于 0 的整数时，$A\wedge P$ 表示 A 的 p 次方，即 A 自乘 P 次；当 P 为小于 0 的整数时，$A\wedge P$ 表示 A^{-1} 的 $|P|$ 次方。

例 3-44　矩阵的乘方运算。

```
%例 3-44
>>M=magic(3)              %创建3×3魔方矩阵
M=
     8     1     6
     3     5     7
     4     9     2
%矩阵 M 的 2 次乘方
>>M^2
ans=
    91    67    67
    67    91    67
    67    67    91
```

(2) 矩阵的点乘方

运算符：.^

运算规则：$A.\wedge B$ 表示矩阵 A 中元素对矩阵 B 中的对应元素求幂次方，其中 A、B 两个矩阵的维度必须一致。结果矩阵的维度与 A、B 矩阵的维度相同。

单个数的矩阵点乘方 P.^A 表示该数对矩阵 A 中的所有元素求幂次方,结果矩阵的维度与 A 的维度相同。

矩阵的单个数点乘方 A.^P 表示矩阵 A 中每个元素对 P 这个数字求幂次方。

例 3-45 矩阵的点乘运算。

```
%例 3-45
>>M=magic(3)
M=
         8         1         6
         3         5         7
         4         9         2
%矩阵的点乘方运算
>>M.^M
ans=
  16777216         1     46656
        27      3125    823543
       256 387420489         4
>>M.^2
ans=
        64         1        36
         9        25        49
        16        81         4
>>2.^M
ans=
       256         2        64
         8        32       128
        16       512         4
```

3.2.6 矩阵的高级运算

1. 矩阵的转置

运算符: '

运算规则:

(1) 若矩阵 A 的元素为实数、则 A'返回 A 的转置。

(2) 若矩阵 A 为复数矩阵,则 A'中的元素由 A 对应元素的共轭复数构成。

例 3-46 矩阵的转置运算。

```
%例 3-46
>>M=magic(3)              %创建 3×3 魔方矩阵
M=
         8         1         6
         3         5         7
         4         9         2
```

```
>>M'                         %矩阵的转置运算
ans=
    8    3    4
    1    5    9
    6    7    2
```

2. 矩阵的逆

函数命令：

inv

调用格式：

inv(M)

inv(M)表示求矩阵 A 的逆矩阵。

注意：不是所有矩阵都能求出逆矩阵，如果 A 为奇异阵或者近似奇异阵，则给出警告信息。

例 3-47 方阵的逆运算。

```
%例 3-47
>>M=[1 2 0;2 5 -1;4 10 -1]          %创建3×3矩阵
M=
    1    2    0
    2    5   -1
    4   10   -1
%求解矩阵 M 的逆矩阵
>>G=inv(M)
G=
    5    2   -2
   -2   -1    1
    0   -2    1
%验证逆矩阵的正确性
>>G*M
ans=
    1    0    0
    0    1    0
    0    0    1
>>M*G
ans=
    1    0    0
    0    1    0
    0    0    1
%创建矩阵 S
>>S=G(1:2,:)
S=
```

```
        5    2   -2
       -2   -1    1
>>inv(S)                        %求解矩阵 S 的逆矩阵,出错
???Error using==>inv
Matrix must be square.
```

3. 方阵的行列式

函数命令:

det

调用格式:

det(M)

函数功能:

det(M)返回方阵 M 的行列式的值。

例 3-48　方阵的行列式。

```
%例 3-48
>>M=magic(3)                    %创建 3×3 魔方矩阵
M=
        8    1    6
        3    5    7
        4    9    2
>>det(M)                        %求解矩阵的行列式的值
ans=
     -360
```

4. 矩阵的秩

函数命令:

rank

调用格式:

rank(M),srank(A,tol)

函数功能:

rank(M)表示求矩阵 A 的秩。tol 为给定误差。

例 3-49　求矩阵的秩。

```
%例 3-49
>>M=magic(3)                    %创建 3×3 魔方矩阵
M=
        8    1    6
        3    5    7
        4    9    2
```

```
>>rank(M)                    %求解矩阵 M 的秩
ans=
    3
>>S=M(1:2,:)                 %创建矩阵 S
S=
    8    1    6
    3    5    7
>>rank(S)                    %求矩阵 S 的秩
ans=
    2
```

5．方阵的迹

函数命令：

trace

调用格式：

trace(M)

函数功能：

trace(M)返回方阵 M 的行列式的迹,即对角线元素之和。

例 3-50　求方阵的迹。

```
%例 3-50
>>M=fix(10*rand(3))          %创建 3×3 随机矩阵
M=
    7    0    6
    9    8    7
    6    9    7
>>trace(M)                   %求矩阵 M 的迹
ans=
    22
```

6．矩阵的元素个数

函数命令：

numel

调用格式：

numel(M)

函数功能：

numel(M)返回矩阵 M 中元素的个数。

例 3-51　求矩阵的元素个数。

```
%例 3-51
>>M=magic(3)                 %创建 3×3 魔方矩阵
```

```
M=
    8    1    6
    3    5    7
    4    9    2
>>numel(M)              %求矩阵 M 的元素个数
ans=
    9
```

7. 矩阵的特征值分解

函数命令：

eig

调用格式：

eig(M)

函数功能：

eig(M)返回矩阵的特征值，并以向量形式存放。

例 3-52　求矩阵 M 的特征值，M＝[1 0 0;0 2 0;0 0 3]。

```
%例 3-52
>>M=[1 0 0;0 2 0;0 0 3]          %创建 3×3 矩阵
M =
    1    0    0
    0    2    0
    0    0    3
>>eig(M)                          %求矩阵 M 的特征值
ans=
    1
    2
    3
```

3.2.7　求解线性方程组

线性方程组的一般形式可以表示如下：$AX=B$。其中，A 为线性方程组等式左边各方程式的系数项，$A=(a_{ij})m×n$，X 为欲求解的位置项，B 代表线性方程组等式右边的已知项。

线性方程组的求解可以分为两类：一类是求方程组的唯一解（即特解），另一类是求方程组的无穷解（即通解）。可以通过方程组系数矩阵的秩来判断：

- 若系数矩阵的秩 $r=n$（n 为方程组中未知变量的个数），则有唯一解；
- 若系数矩阵的秩 $r<n$，则可能有无穷解；
- 线性方程组的无穷解＝对应齐次方程组的通解＋非齐次方程组的一个特解。

1. 线性方程组唯一解或特解的解法

运算符：\

运算格式：

X=A\B

X=inv(A) * B

运算规则：

X 是方程组 $AX=B$ 的解，其中，A 为系数矩阵，B 为已知项矩阵的转置。

例 3-53 左除法和求逆法求解线性方程组。

```
%例 3-53
>>A=[1,-3;1,-1];B=[1;19];      %创建 2×2 矩阵，对应二元一次线性方程组
>>X=A\B                         %左除法求线性方程组的解
X=
    28
     9
>>X=inv(A) * B                  %求逆法求线性方程组的解
X=
    28
     9
```

2. 齐次线性方程组通解的解法

函数命令：

null

调用格式：

null(M)

或

null(M,'r')

函数功能：

MATLAB 中，函数 null 用来求解零空间，即满足 $AX=0$ 的解空间，实际上是求出解空间的基础解系，它可用于获得齐次线性方程组的通解。

null(M)返回的列向量为方程组的正交规范基。

null(M,'r')返回的列向量是方程 $AX=0$ 的有理基。

例 3-54 用 null 函数求齐次线性方程组的解。

```
%例 3-54
>>A=[1,-3,-1;1,-1,-19]          %创建方程组 AX=0
A=
    1   -3   -1
    1   -1   -19
>>Z=null(A)                     %求解满足 AX=0 的解空间
Z=
```

```
            0.9515
            0.3058
            0.0340
>>Z=null(A,'r')                    %求解 AX=0 的有理基
Z=
     28
      9
      1
```

3. 非齐次线性方程组通解的解法

(1) 一般解法

解题步骤：

① 判断 $AX=B$ 是否有解，若有解，进行下一步；

② 求 $AX=B$ 的一个特解；

③ 求 $AX=0$ 的通解；

④ $AX=B$ 的通解为：$AX=0$ 的通解 $+AX=B$ 的一个特解。

例 3-55 求解非齐次线性方程组通解。

$$\begin{cases} x_1+x_2-3x_3-x_4=1 \\ 3x_1-x_2-3x_3+4x_4=4 \\ x_1+5x_2-9x_3-8x_4=0 \end{cases}$$

```
%例 3-55
>>A=[1 1 -3 -1;3 -1 -3 4;1 5 -9 -8];
>>b=[1 4 0]';
>>D=[A b];
>>n=4;
>>RA=rank(A)
RA=
     2
>>RD=rank(D)
RD=
     2
>> format rat
>>if RA==RD & RA==n               %判断是否有唯一解
      X=A\b;
    elseif RA==RD & RA<n          %判断是否有无穷解
      X0=A\b                      %求特解
      C=null(A,'r')               %求方程组的基础解系
        else X='no solve'         %方程组无解
    end
Warning: Rank deficient,rank=2,tol=8.8373e-015.
X0=
```

```
        0
        0
       -8/15
        3/5
C=
     3/2        -3/4
     3/2         7/4
      1          0
      0          1
```

因此,方程组的通解为 X=X0+k1*[3/2;3/2;1;0]+k2*[-3/4;7/4;0;1]。

(2) rref 解法

函数命令:

rref

调用格式:

rref([A B])

例 3-56 求解非齐次线性方程组的通解。

$$\begin{cases} 4x_1+8x_2-6x_3+2x_4=1 \\ x_1+3x_2+9x_3+5x_4=2 \\ 5x_1+11x_2+3x_3+7x_4=3 \\ 3x_1+5x_2-15x_3-3x_4=-1 \end{cases}$$

```
%例 3-56
>>A=[4 8 -6 2;1 3 9 5;5 11 3 7;3 5 -15 -3]        %创建线性方程组
A=
     4     8    -6     2
     1     3     9     5
     5    11     3     7
     3     5   -15    -3
>>b=[1 2 3 -1]'
b=
     1
     2
     3
    -1
>>D=[A b]
D=
     4     8    -6     2     1
     1     3     9     5     2
     5    11     3     7     3
     3     5   -15    -3    -1
>>M=rref(D)                                        %使用 rref 方法求解
```

```
M=
    1.0000         0   -22.5000    -8.5000    -3.2500
         0    1.0000    10.5000     4.5000     1.7500
         0         0         0          0          0
         0         0         0          0          0
```

从计算结果看,此方程组的一个特解为 x0=[−3.25;1.75;0;0],其基础解系有两个基向量:ε1=[−22.5;10.5;1 0]和 ε2=[−8.5;4.5;0;1],则最终的解为 x=x0+k1*ε1+k2*ε2。

3.3 多项式

多项式是形如 $P(x)=a_0 x^n + a_1 x^{n-1} + \cdots + a_{n-1} x + a_n$ 的式子。在 MATLAB 中,多项式用行向量表示:$P=[a_0\ a_1\ \cdots\ a_{n-1}\ a_n]$,并且约定多项式以降幂的形式出现。如果多项式专用缺少某幂次项,则该幂次项的系数为零。

3.3.1 多项式的构造

1. 直接输入法

$$Px = [a_0\ a_1\ \cdots\ a_{n-1}\ a_n]$$

2. poly 命令法

函数命令:
poly
调用格式:

poly(A)

函数功能:
poly(A)生成 $Px=(x-r_0)(x-r_1)\ldots(x-r_{n-1})(x-r_n)$ 所对应的多项式。其中 A 是形如 $[r_0\ r_1\ \cdots\ r_{n-1}\ r_n]$ 的行向量。

例 3-57 已知 Px=(x−1)(x−2)(x+3)(x+4),创建多项式。

```
%例 3-57
>>A=[1 2 -3 -4];
>>PA=poly(A)
PA=
     1    4    -7    -22    24
```

3. poly2sym

函数命令:
poly2sym

调用格式：

polysym(px)

函数功能：

poly(px)生成多项式 px 的符号表示。其中,px 是多项式的行向量表示。

例 3-58 已知 Px=(x-1)(x-2)(x+3)(x+4),创建多项式的符号表示。

```
%例 3-58
>>A=[1 2 -3 -4];
>>PA=poly(A);
>>PS=poly2sym(PA)
PS=
x^4+4*x^3-7*x^2-22*x+24
```

3.3.2 多项式的运算

1. 多项式的加、减运算

运算符：＋ －

运算格式：

px+py,px-py

px 和 py 分别是多项式 px 和 py 的行向量表示。

注意：进行加减运算的多项式应该具有相同的阶次,如果阶次不同,则低阶的多项式必须用零填补至高阶多项式的阶次。

例 3-59 求两个多项式 PX=x^4+4*x^3-7*x^2-22*x+24,PY=x-1 的和与差。

```
%例 3-59
>>PX=[1    4    -7    -22    24];
>>PY=[1 -1];
>>PZ=PX+[0 0 0 PY]
PZ=
     1    4    -7    -21    23
>>poly2sym(PZ)
ans=
x^4+4*x^3-7*x^2-21*x+23
>>PS=PX-[0 0 0 PY]
PS=
     1    4    -7    -23    25
>>poly2sym(PS)
ans=
x^4+4*x^3-7*x^2-23*x+25
```

2. 多项式的乘法

函数命令：

conv

调用格式：

conv(px,py)

函数功能：

conv(px,py)得到多项式 px 和 py 乘积。其中，px、py 是多项式的行向量表示。

例 3-60 求两个多项式 PX=x^4+4*x^3−7*x^2−22*x+24,PY=x−1 的乘法。

```
%例 3-60
>>PX=[1 4 -7 -22 24];
>>PY=[1 -1];
>>PS=conv(PX,PY)
PS=
     1    3    -11    -15    46    -24
>>poly2sym(PS)
ans=
x^5+3*x^4-11*x^3-15*x^2+46*x-24
```

3. 多项式的除法

函数命令：

deconv

调用格式：

deconv(px,py);[div,rest]=deconv(px,py)

函数功能：

deconv(px,py)得到多项式 px 和 py 相除的结果。其中，px、py 是多项式的行向量表示。结果包括商多项式 div 和余数多项式 rest。

例 3-61 求两个多项式 PX=x^4+4*x^3−7*x^2−22*x+24,PY=x−1 的除法。

```
%例 3-61
>>PX=[1 4 -7 -22 24];
>>PY=[1 -1];
>>PZ=deconv(PX,PY)
PZ=
     1    5    -2    -24
>>poly2sym(PZ)
ans=
x^3+5*x^2-2*x-24
```

4. 多项式微分

函数命令：

polyder

调用格式：

polyder(px)

函数功能：

polyder(px)得到多项式px的微分结果。其中，px是多项式的行向量表示。

例3-62 求多项式PX=x^4+4*x^3-7*x^2-22*x+24 的微分。

```
%例 3-62
>>PX=[1  4  -7  -22  24];
>>polyder(PX)
ans=
    4    12    -14    -22
```

5. 多项式求根

函数命令：

roots

调用格式：

roots(px)

函数功能：

roots(px)得到多项式px的求根结果。其中，px是多项式的行向量表示。
多项式求根的数目不定，结果的类型也有实数和复数两种。

例3-63 求多项式PX=x^4+4*x^3-7*x^2-22*x+24 的根。

```
%例 3-63
>>PX=[1  4  -7  -22  24];
>>roots(PX)
ans=
    -4.0000
    -3.0000
     2.0000
     1.0000
```

6. 多项式求值

函数命令：

polyval，polyvalm

调用格式：

```
polyval(px,a),polyvalm(px,M)
```

函数功能：

polyval(px,a)求出当多项式中的变量为某个指定值 a 时该多项式的值。其中,px 是多项式的行向量表示,a 是指定值。

polyvalm(px,M)求出当多项式中的变量为某个指定矩阵 M 时该多项式的值。其中,px 是多项式的行向量表示,M 是指定矩阵。

例 3-64 求多项式 PX=x^4+4*x^3-7*x^2-22*x+24 当 x=2 和 x=[1 2;3 4] 时的值。

```
%例 3-64
>>PX=[1    4    -7    -22    24];
>>polyval(PX,2)
ans=
     0
>>polyvalm(PX,[1 2;3 4])
ans=
    300    392
    588    888
```

3.4 复数和复数运算

复数以及在其基础上发展起来的复变函数分支,解决了许多实数运算无法解决的问题。复变函数是控制工程的数学基础,MATLAB 支持在运算和函数中使用复数或复数矩阵,还支持复变函数运算。

3.4.1 复数的表示

MATLAB 使用 i 或 j 来代表虚部复数运算的。一个复数可以表示为：$x=a+bi$,其中 a 称为实部,b 称为虚部。

例 3-65 构造复数和复数矩阵。

```
%例 3-65
>>x=1+2i
x=
    1.0000+2.0000i
>>M=[1+2i    3-4i;2-3i    1-i]
M=
    1.0000+2.0000i    3.0000-4.0000i
    2.0000-3.0000i    1.0000-1.0000i
```

3.4.2 复数相关运算函数

对于复数 $x=a+bi$,MATLAB 提供了非常丰富的函数来了解复数的实部、虚部、模和辐角等。复数的基本运算如加、减、乘、除等可以参考实数的运算函数或运算符号。下面介绍复数相关函数的用法。

- real：求复数或复数矩阵的实部。
- imag：求复数或复数矩阵的虚部。
- conj：求复数或复数矩阵的共轭。
- abs：求复数或复数矩阵的模。
- angle：求复数或复数矩阵的相角,单位为弧度。

例 3-66　复数的运算函数。

```
%例 3-66
>>x=1-2i;
>>y=1+3i;
>>x+y
ans=
    2.0000+1.0000i
>>x-y
ans=
    0-5.0000i
>>x*y
ans=
    7.0000+1.0000i
>>x/y
ans=
    -0.5000-0.5000i
>>x\y
ans=
    -1.0000+1.0000i
>>real(x)
ans=
    1
>>imag(y)
ans=
    3
>>conj(x)
ans=
    1.0000+2.0000i
>>abs(y)
ans=
    3.1623
>>angle(x)
ans=
    -1.1071
```

```
>>angle(y)
ans=
    1.2490
```

习题

1. 创建一实数矩阵 A,请写一行语句,将其所有非正元素设定为 100。

2. 创建一实数和复数交错的矩阵 A,请写一行语句,将其所有复数元素设定为 NAN。

第4章

MATLAB符号运算

[本章要点]

- MATLAB中的符号计算。
- MATLAB中的符号变量和符号表达式的创建方法。
- 符号函数,包括符号的初等运算、复合函数与反函数、极限、泰勒展开、级数求和、微分、积分、线性代数运算、线性方程与微分方程等。

[本章知识点]

符号计算、符号和符号表达式的定义、符号方程定义、符号函数。

4.1 符号运算概述

MATLAB中如果操作对象不是数值而是符号(符号表达式或符号数组),相应的计算称为符号计算。在符号计算中,通过符号常数、符号变量以及有关符号的操作形成符号表达式。

MATLAB的符号运算是由符号数学工具箱(Symbolic Math Toolbox)支持完成的,该工具箱是在Maple软件的基础上实现的,当在系统内进行符号运算时,系统会请求Maple进行计算,完成后将结果返回到系统的显示窗口。由于MATLAB中符号运算函数是数值运算函数的重载,符号运算采用的函数和数值运算的函数有一部分同名,用户在获取帮助信息时,不能直接使用"help 函数名",而应该使用"help sym/函数名"的方式。

符号运算与数值运算的主要区别如下:

- 数值运算中,必须先对变量赋值,然后才能参与运算。
- 符号运算无需事先对变量赋值,运算结果以标准的符号形式表达。

例 4-1 哥哥比弟弟大19岁,哥哥年龄是弟弟的3倍还多1,问:哥哥和弟弟的年龄分别是多少?

```
%例 4-1
%%解法 1:数值运算法
>>A=[1 -1;1 -3];b=[19;1];
>>X=A\b                        %用解方程的方法求解
X=
```

```
                28
                 9
%%解法2：符号运算法
>>syms x y;
>>[x,y]=solve('x-y=19','x-3*y=1')        %用符号运算函数求解
x=
28
y=
9
```

4.2 符号变量和符号表达式

4.2.1 符号变量

MATLAB提供了两种方法定义符号变量：sym 和 syms。

函数命令：

sym syms

调用格式：

f=sym('符号字符串')，syms a b c

函数功能：

f=sym('符号字符串')创建了一个符号变量 f 的值为'符号字符串'。

syms a b c 创建了多个符号变量 a、b、c。

注意：

- syms 函数的参数间用空格分隔，而不要用逗号分隔。
- a=sym('a')不同于 a=sym('b')，虽然都是定义了符号变量a，但是值不同。
- 同时定义多个符号变量时，只能用 syms 函数。syms 函数更简洁一些。syms a b c 的作用类似于"sym a;sym b;sym c"或者"syms a;syms b;syms c"，但是 sym a b c 或者 sym 'a' 'b' 'c'是错误的。

例 4-2 符号变量的定义。

```
%例 4-2
>>a=sym('a');b=sym('b'); c=sym('c');
>>syms a b c;
%常见的几种错误定义方式
>>x=sym x;                                %sym后应该用小括号和单引号,否则出错
??? x=sym x;
        |
Error: Unexpected MATLAB expression.
>>x=sym 'x';                              %sym后应该用小括号和单引号,否则出错
??? x=sym 'x';
         |
Error: Unexpected MATLAB expression.
```

```
>> syms x,y,z;                    %syms 后多个变量之间应该用空格隔开,否则出错
??? Undefined function or variable 'y'.
```

4.2.2 符号表达式

符号表达式是包含数字、函数和变量的 MATLAB 字符串。不要求字符串中的变量有预先确定的值。

函数命令：

sym

调用格式：

f=sym('符号表达式')

函数功能：

f=sym('符号表达式')定义符号表达式,并将它赋值给变量 f。

创建符号表达式有以下三种方法：

- 用 sym 函数建立符号表达式。

    ```
    >>f=sym('a*x^2+b*x+c')
    ```

- 使用已经定义的符号变量组成符号表达式。

    ```
    >>syms x y a b c
    >>f=a*x^2+b*x+c
    ```

- 利用单引号生成符号表达式。

    ```
    >> f='a*x^2+b*x+c'           %注意和直接定义一个字符串变量的相似和区别
    ```

例 4-3 符号表达式的定义。

```
%例 4-3
%%方法 1:用 sym 函数建立符号表达式
>>f=sym('a*x^2+b*x+c')
f=
a*x^2+b*x+c
%%方法 2:使用已经定义的符号变量组成符号表达式
>>syms x y;
>>f=sin(x)*cos(y)
f=
cos(y)*sin(x)
>>g=(x-y)*(x+y)
g=
(x+y)*(x-y)
%%方法 2:利用单引号生成符号表达式。
>>f='a*x^2+b*x+c'
f=
```

a*x^2+b*x+c

4.2.3 符号方程

符号方程是含有等号的符号表达式。例如,定义 f=sym('a*x+b*x=0')就定义了一个符号方程 f,它的值是'a*x+b*x=0'。

例 4-4 符号方程的定义。

```
%例 4-4
>>f=sym('a*x+b*x=0')
f=
a*x+b*x=0
>>equation=sym('sin(x)+cos(x)=1')
equation=
cos(x)+sin(x)=1
```

4.2.4 sym 函数的其他应用

sym 函数是个非常有用的函数,MATLAB 还提供了这个函数的更多应用。
(1) sym 函数可以创建符号变量时指定其实数复数属性。
调用格式:

s=sym('s',flag),

其中,flag 为 real 和 unreal。

flag 为'real':声明的符号变量,附加的数字特性为实数变量。

flag 为'unreal':声明的符号变量,附加的数字特性为复数变量。

例 4-5 sym 函数创建实数和复数符号变量。

```
%例 4-5
>>x=sym('x','real')            %x 和 y 两个变量具有实型特性
x=
x
>>y=sym('y','real')
y=
y
>>f=x+y*i                      %f 是个复数,x 是实部,y 是虚部
f=
x+y*i
>>conj(f)                      %对 f 求其共轭
ans=
x-y*i
>>syms x y unreal              %x,y 具有复数特性
>>z=x+5i                       %z 是复数
z=
```

```
x+5*i
>>conj(z)                    %对z求其共轭
ans=
conj(x)-5*i
```

(2) sym函数可以进行符号与数值之间的转换

调用格式：

sym(f,flag),

其中,flag 为'f''r''e''d'。

flag 为'f'：返回符号的浮点表示形式。

flag 为'r'：返回符号的有理表示形式,默认该形式。

flag 为'e'：返回符号的有理表示形式,并根据 eps 给出理论表达式和实际计算的差。

flag 为'd'：返回符号的十进制表示,有效位数由 digits 定义。

例 4-6　sym 函数的其他应用。

```
%例 4-6
>>pai=355/113               %自定义变量 pai
pai=
3.1416
>>pai=sym(pi,'f')
pai=
884279719003555/281474976710656
>>pai=sym(pi,'r')
pai=
pi
>>pai=sym(pi,'e')
pai=
pi-(198*eps)/359
>>pai=sym(pi,'d')
pai=
3.1415926535897931159979634685442
```

4.2.5　确定自变量

在符号表达式中,MATLAB 会自动地将 x 作为自变量来处理,而将 a,b,c 等作为常量参数。也就是说,如果符号表达式中含有多于一个的符号变量时,在没有实现指定何者为自变量的情况下,MATLAB 会按照数学常规自行决定谁是自变量。

MATLAB 自变量确定的原则如下：

- 除了 i 和 j 之外,字母位置最接近 x 的小写字母。
- 如果式子中有 x,则 x 自动被默认为自变量。
- 符号表达式中可以设置多个自变量。

MATLAB 的自变量确定的方法如下：

- 事先在函数中明确指定。
- MATLAB 自行默认按照上述原则确定。

MATLAB 中可以利用函数 findsym 帮助我们获取当前符号表达式中的自变量。

调用格式：

findsym(f); findsym(f,n)

函数功能：

findsym(f)返回符号表达式 f 中的自变量列表。

findsym(f,n)返回符号表达式 f 中的指定的自变量。

例 4-7 指定符号表达式中的自变量。

```
%例 4-7
>>f=sym('sin(a*x)+cos(b*y)');
>>findsym(f)
ans=
a,b,x,y
>>findsym(f,1)
ans=
x
>>f=sym('1/(4+cos(t))')
f=
1/(cos(t)+4)
>>findsym(f,1)
ans=
t
>>f=sym('2*a+b');
>>findsym(f)
ans=
a,b
>>findsym(f,1)
ans=
b
>>f=sym('2*i+4*j');
>>findsym(f,1)
ans=
j
```

4.3 符号的基本运算

4.3.1 符号的加减乘除运算

运算符：＋ － ＊ ／ ^

符号的加、减、乘、除和乘方运算与数值运算中的相应运算符相同，都是＋、

一、*、/、^。

注意：符号关系运算时，不能使用"大于"、"小于""大于等于"和"小于等于"等命令进行比较，但可以用 isequal(是否等于)进行判断：两个符号表达式相等返回1,否则返回0。

例 4-8 符号基本运算。

```
%例 4-8
>>syms x a b c;
>>f=a*x^2+b*x+c
f=
a*x^2+b*x+c
>>f=(x^3-1)/(x-1)
f=
(x^3-1)/(x-1)
```

4.3.2 符号的其他基本运算

符号运算的结果通常比较复杂，按照符号的相关函数可以对符号运算结果进行化简，完成展开、化简、替换、转换等功能。

（1）collect：合并同类项，即对同次幂的项进行合并。

调用格式：

```
collect(f),collect(f,v)
```

函数功能：

collect(f)对符号表达式 f 进行合并同类项的操作，自变量由系统指定。

collect(f,v)对指定自变量 v 的符号表达式 f 进行合并同类项的操作。

（2）factor：因式分解。

调用格式：

```
factor(f)
```

函数功能：

factor(f)对符号表达式 f 进行因式分解的操作。

（3）numden：将符号表达式从有理式变为分子与分母形式。

调用格式：

```
[N,D]=numden(f)
```

函数功能：

[N,D]=numden(f) 返回了符号表达式 f 的分子分母形式。其中 N 和 D 分别为分子和分母的表达式。

（4）expand：展开符号表达式。

调用格式：

```
expand(f)
```

函数功能：

expand(f)将符号表达式展开。

(5) simplify：利用函数规则对表达式 f 进行化简。

调用格式：

simplify(f)

函数功能：

simplify(f)将符号表达式按规则化简。

(6) simple：对表达式 f 进行化简，是表达式以最少的字符表示出来。

调用格式：

simple(f),[r,how]=simple(f)

函数功能：

simple(f)将符号表达式按规则化简为最简形式。

[r,how]=simple(f) 将符号表达式按规则化简为最简形式，并返回最简形式以及化简函数名称。

(7) horner：生成嵌套表达式。

调用格式：

horner(f)

函数功能：

horner(f)将符号表达式表示为嵌套形式。

(8) subs：替换函数

调用格式：

subs(f),subs(f,new),subs(f,old,new)

函数功能：

subs(f)用给定值替换符号表达式中的所有系统指定的变量。

subs(f,new)用 new 替换符号表达式 f 中所有系统指定的变量。

subs(f,old,new)将符号表达式中所有 old 出现的地方用 new 值替换。

(9) poly2sym：多项式转换为符号表达式。

调用格式：

poly2sym(p),poly2sym(p,v)

函数功能：

poly2sym(p)将多项式向量转换为符号表达式，使用系统默认自变量。

poly2sym(p,v) 将多项式向量转换为符号表达式，自变量由参数 v 指定。

(10) sym2poly：符号表达式转换为多项式。

调用格式：

sym2poly(f),sym2poly(f,v)

函数功能:

sym2poly(f)将符号表达式转换为多项式向量,使用系统默认自变量。

sym2poly(f,v)将符号表达式转换为多项式向量,自变量由参数v指定。

例 4-9 符号的其他基本运算。

```
%例 4-9
>>syms x y;
%collect 函数
>>f=x^2*y+y*x-x^2-2*x;
>>collect(f)
ans=
(y-1)*x^2+(y-2)*x
>>collect(f,y)
ans=
(x^2+x)*y-x^2-2*x
%factor 函数
>>f=x^3-6*x^2+11*x-6;
>>factor(f)
ans=
(x-3)*(x-1)*(x-2)
%numden 函数
>>syms a b;
>>[n,d]=numden(1/(a-b)+2*b/(a+b))
n=
a+b+2*a*b-2*b^2
d=
a^2-b^2
%expand 函数
>>f=(x-2)*(x-4)
f=
(x-2)*(x-4)
>>expand(f)
ans=
x^2-6*x+8
%simplify 函数
>>f=sin(x)^2+cos(x)^2
f=
cos(x)^2+sin(x)^2
>>simplify(f)
ans=
1
>>syms a b c
>>simplify(exp(c*log(sqrt(a+b))))
ans=
```

```
(a+b)^(c/2)
%simple 函数
>>f=2*cos(x)^2-sin(x)^2;
>>simple(f)                    %返回若干化简函数和化简最简形式
simplify:
2-3*sin(x)^2
radsimp:
2*cos(x)^2-sin(x)^2
simplify(100):
3*cos(x)^2-1
combine(sincos):
(3*cos(2*x))/2+1/2
combine(sinhcosh):
2*cos(x)^2-sin(x)^2
combine(ln):
2*cos(x)^2-sin(x)^2
factor:
2*cos(x)^2-sin(x)^2
expand:
2*cos(x)^2-sin(x)^2
combine:
2*cos(x)^2-sin(x)^2
rewrite(exp):
2*((1/exp(x*i))/2+exp(x*i)/2)^2-(((1/exp(x*i))*i)/2-(exp(x*i)*i)/2)^2
rewrite(sincos):
2*cos(x)^2-sin(x)^2
rewrite(sinhcosh):
2*cosh(-x*i)^2+sinh(-x*i)^2
rewrite(tan):
(2*(tan(x/2)^2-1)^2)/(tan(x/2)^2+1)^2-(4*tan(x/2)^2)/(tan(x/2)^2+1)^2
mwcos2sin:
2-3*sin(x)^2
collect(x):
2*cos(x)^2-sin(x)^2
ans=
2-3*sin(x)^2
>>[r,how]=simple(f)            %返回最简形式和化简函数
r=
2-3*sin(x)^2
how=
simplify
%hornor 函数
>>f=x^3-6*x^2+11*x-6;
>>horner(f)
ans=
x*(x*(x-6)+11)-6
```

```
%subs 函数
>>syms x y;
>>f=sym('a*x^2+b*x+c')
f=
a*x^2+b*x+c
>>a=5;c=10;
>>subs(y)
ans=
y
>>subs(f)
ans=
5*x^2+b*x+10
>>syms a b;
>>subs(a+b,a,4)
ans=
b+4
>>subs(a+b,4)
ans=
a+4
>>subs(cos(a)+sin(b),{a,b},{sym('alpha'),2})
ans=
sin(2)+cos(alpha)
%sym2poly
>>p=sym('2*x^3+3*x^2+4');
>>sym2poly(p)
ans=
     2    3    0    4
%poly2sym
>>x=[2,3,0,4];
>>poly2sym(x)
ans=
2*x^3+3*x^2+4
```

4.4 符号运算函数

MATLAB还提供了很多实用的符号运算函数,能够用符号解决更多复杂的数学问题,包括复合函数、反函数、极限、微积分、级数求和、代数方程求解和常微分方程等。

4.4.1 反函数

函数命令:
finverse
调用格式:

finverse(f),finverse(f,v)

函数功能：

finverse(f)返回函数 f 的反函数表达式，使用系统默认自变量。

finverse(f,v) 返回函数 f 的反函数表达式，v 是指定的自变量。

例 4-10 求符号表达式的反函数。

```
%例 4-10
>>syms x y;
>>f=x^2+y;
>>finverse(f,y)
ans=
y-x^2
>>finverse(f)
Warning: Functional inverse is not unique.
>In C:\Program Files\MATLAB\R2011a\toolbox\symbolic\symbolic\symengine.p>
  symengine at 52
    In sym.finverse at 41
ans=
(x-y)^(1/2)
```

4.4.2 复合函数

函数命令：

compose

调用格式：

compose(f,g),compose(f,g,z),compose(f,g,x,z),compose(f,g,x,y,z)

函数功能：

compose(f,g) 返回 f,g 的复合函数 f(g(y))，其中 f,g 中的自变量为系统默认的。

compose(f,g,z) 返回 f,g 的复合函数 f(g(z))，其中 z 为 g 中自变量。

compose(f,g,x,z) 返回 f,g 的复合函数 f(g(z))，其中 x 和 z 分别是 f 和 g 中的自变量。

compose(f,g,x,y,z) 返回 f,g 的复合函数 f(g(z))，其中 x 和 y 分别是 f 和 g 中的自变量，z 为复合函数中的自变量。

例 4-11 求符号表达式的复合函数。

```
%例 4-11
>>syms x y z t u;
>>f=1/(1+x^2);g=sin(y);h=x^t;p=exp(-y/u);
>>compose(f,g)
ans=
1/(sin(y)^2+1)
>>compose(f,g,t)
```

```
ans=
1/(sin(t)^2+1)
>>compose(h,g,x,z)
ans=
sin(z)^t
>>compose(h,g,t,z)
ans=
x^sin(z)
>>compose(h,p,x,y,z)
ans=
(1/exp(z/u))^t
>>compose(h,p,t,u,z)
ans=
x^(1/exp(y/z))
```

例 4-12 已知 $f(\sin(x/2)) = 1 + \cos(x)$，求 $f(\cos(x))$。并计算 $x = \text{pi}/6$ 时函数的值。

```
%例 4-12
>>syms x;
>>t=finverse(sin(x/2))
Warning: Functional inverse is not unique.
>In C:\Program Files\MATLAB\R2011a\toolbox\symbolic\symbolic\symengine.p>
  symengine at 52
    In sym.finverse at 41
t=
2*asin(x)
>>f=1+cos(t)
f=
cos(2*asin(x))+1
>>g=cos(x);
>>F=compose(f,g)
F=
cos(2*asin(cos(x)))+1
>>subs(F,pi/6)
ans=
    0.5000
```

4.4.3 求极限

函数命令：
limit
调用格式：

g=limit(f),g=limit(f,a),g=limit(f,x,a)

g=limit(f,x,a,'left'),g=limit(f,x,a,'right')

函数功能：

g＝limit（f）返回函数 f 在系统默认的自变量为默认值时的极限值。

g＝limit（f，a），返回函数 f 在系统默认的自变量为 a 时的极限值。

g＝limit(f,x,a)返回函数 f 在自变量 x 为 a 时的极限值。

g＝limit(f,x,a,'left')返回函数 f 在自变量 x 为 a 时的左极限值。

g＝limit(f,x,a,'right')返回函数 f 在自变量 x 为 a 时的右极限值。

例 4-13 求符号表达式的极限。

```
%例 4-13
>>syms x;
>>limit(1/x)
ans=
NaN
>>limit(1/x,0)
ans=
NaN
>>limit(1/x,x,0,'left')
ans=
-Inf
>>limit(1/x,x,0,'right')
ans=
Inf
>>limit(sin(x)/x)
ans=
1
>>limit((x-2)/(x^2-4),2)
ans=
1/4
>>syms t h;
>>limit((1+2*t/x)^(3*x),x,inf)
ans=
exp(6*t)
>>limit((sin(x+h)-sin(x))/h,h,0)
ans=
    cos(x)
```

4.4.4　微分

函数命令：

diff

调用格式：

diff(f),diff(f,t),diff(f,n),diff(f,t,n)

函数功能：

diff(f) 返回函数 f 对系统默认自变量的微分。

diff(f,t) 返回函数 f 对自变量 t 的微分。

diff(f,n)返回 f 对系统默认自变量的 n 阶微分。

diff(f,t,n)返回 f 对自变量 t 的 n 阶微分。

例 4-14 求符号表达式的微分。

```
%例 4-14
>>syms a b c x
>>f=a*x^2+b*x+c
f=
a*x^2+b*x+c
>>diff(f)
ans=
b+2*a*x
>>diff(f,2)
ans=
2*a
>>diff(f,a)
ans=
x^2
>>diff(f,a,2)
ans=
0
>>diff(diff(f),a)
ans=
2*x
```

4.4.5 积分

函数命令：

int

调用格式：

int(f),int(f,t),int(f,t,a,b),
int(f,a,b)(a,b 为数值式),int(f,m,n)(m,n 为符号式)

函数功能：

int(f) 返回 f 对系统默认自变量的不定积分。

int(f,t) 返回 f 对自变量 t 的不定积分。

int(f,t,a,b) 返回 f 对自变量 t 的定积分。

int(f,a,b)（a,b 为数值式）返回 f 对系统默认自变量的定积分，上下限分别为数值 a 和 b。

int(f,m,n)（m,n 为符号式）返回 f 对系统默认自变量的定积分，上下限分别为符号 a 和 b。

注意：
- 符号定积分可以方便地应用于二重积分和三重积分的数值计算。
- 函数的积分可能不存在！

例 4-15 符号表达式的积分。

```
%例 4-15
>>syms a b c x t;
>>f=a*x^2+b*x+c
f=
a*x^2+b*x+c
>>int(f)
ans=
(a*x^3)/3+(b*x^2)/2+c*x
>>int(f,x,0,2)
ans=
(8*a)/3+2*b+2*c
>>int(f,a)
ans=
a*(c+b*x)+(a^2*x^2)/2
>>int(int(f,a),x)
ans=
(a*x*(a*x^2+3*b*x+6*c))/6
>>int(1/(1+x^2))
ans=
atan(x)
>>int(x*log(1+x),0,1)
ans=
1/4
>>int(4*x*t,x,2,sin(t))
ans=
-2*t*cos(t)^2-6*t
%积分也可能不存在
>>int('x/exp(x^3)')
Warning: The method char/int will be removed in a future relase. Use
sym/int instead. For example int(sym('x^2')).
>  In char.int at 10
Warning: Explicit integral could not be found.
ans=
int(x/exp(x^3),x)
```

4.4.6 级数求和

函数命令：

symsum

调用格式：

symsum(f),symsum(f,b),symsum(f,a,b),symsum(f,v,a,b)

函数功能：

symsum(f)返回对符号表达式的默认变量从 0 到 k－1 项进行求和的值。
symsum(f,b)返回对符号表达式的默认变量从 0 到 b 进行求和的值。
symsum(f,a,b)返回对符号表达式的默认变量从 a 到 b 进行求和的值。
symsum(f,v,a,b)返回对符号表达式指定的变量 v 从 a 到 b 进行求和的值。

例 4-16 分别求级数 $1+\frac{1}{2}+\frac{1}{3}\cdots+\frac{1}{k}\cdots$ 和 $\frac{1}{2}+\frac{1}{2\times 3}+\frac{1}{3\times 4}\cdots+\frac{1}{k(k+1)}+\cdots$ 的和。

```
%例 4-16
>>syms k
>>symsum(1/k,k,1,inf)
ans=
Inf
>>symsum(1/(k*(k+1)),k,1,inf)
ans=
1
```

4.4.7 泰勒展开

函数命令：

taylor

调用格式：

taylor(f,v,n)

函数功能：

taylor(f,v,n)返回 f 对指定的自变量 v 展开到第 n－1 项。

注意：

- 命令中的 n 表示展开到第(n－1)项而不是第 n 项。
- 通常在展开后，使用 subs 函数得到自变量在某处的展开的结果。

例 4-17 求 sin(x)的 10 阶泰勒展开式，并求 x＝pi/2 处展开式的值。

```
%例 4-17
>>syms x
>>taylor(sin(x),x,10)
ans=
x^9/362880-x^7/5040+x^5/120-x^3/6+x
```

```
>> subs(ans,x,pi/2)
ans=
    1.0000
```

4.4.8 方程求解

函数命令：

solve

调用格式：

sovle(f1,f2,…,fn),sovle(f1,f2,…,fn,v1,v2,v3,…,vn)

函数功能：

sovle(f1,f2,…,fn) 解方程或者方程组，其中 f1＝0,f2＝0,…,fn＝0 构成了方程或方程组，方程或方程组中自变量为系统默认。

sovle(f1,f2,…,fn, v1,v2,v3,…,vn) 解方程或者方程组，其中 f1＝0,f2＝0,…,fn＝0 构成了方程或方程组，v1,v2,…,vn 为方程或方程组中指定的自变量。

例 4-18 求一元二次方程 $f(x)=ax^2+bx+c$ 的根。

```
%例 4-18
>> f=sym('a*x^2+b*x+c')
f=
a*x^2+b*x+c
>> solve(f)
ans =
-(b+(b^2-4*a*c)^(1/2))/(2*a)
-(b-(b^2-4*a*c)^(1/2))/(2*a)
>> solve(f,'a')
ans =
-(c+b*x)/x^2
```

例 4-19 求方程的解，方程如下：

$$\begin{cases} x+y+z=10 \\ x-y+z=0 \\ 2x-y-z=-4 \end{cases}$$

```
%例 4-19
>> f1=sym('x+y+z-10');
>> f2=sym('x-y+z');
>> f3=sym('2*x-y-z+4');
>> [x,y,z]=solve(f1,f2,f3)
x=
2
y=
```

5
z=
3

4.4.9 常微分方程求解

函数命令：

dsolve

调用格式：

dsolve(f,cond,v),dsolve(f1,f2,…,fn)

dsolve(f1,f2,…,fn,cond1,cond2,…,condn,v1,v2,…,vn)

函数功能：

dsolve(f,cond,v) 求得微分方程的解，其中 f 为微分表达式，cond 为初始条件。

dsolve(f1,f2,…,fn) 求得微分方程或微分方程组的通解，其中 f 为微分表达式，微分方程中的自变量为系统默认。

dsolve(f1,f2,…,fn,cond1,cond2,…,condn,v1,v2,…,vn) 求得微分方程或微分方程组的解，其中 f 为微分表达式，v 为方程或方程组中指定的自变量。

注意：

- Dy 代表 dy/dt，D2y 代表 d2y/dt2。
- 如果没有初始条件，则求微分方程的通解。
- 系统默认变量 t。

例 4-20

求微分方程 $y'=5$ 的通解。

求微分方程 $y'=x$ 的通解，指定 x 为自变量。

求微分方程 $y''=1+y'$ 的通解。

求微分方程 $y''=1+y'$ 的解，$y\big|_{t=0}=1$，$dy/dt\big|_{t=0}=0$。

```
%例 4-20
>>dsolve('Dy=5')
ans=
C2+5*t
>>dsolve('Dy=x','x')
ans=
x^2/2+C4
>>dsolve('D2y=1+Dy')
ans=
C6-t+C7*exp(t)-1
>>dsolve('D2y=1+Dy','y(0)=1','Dy(0)=0')
ans=
exp(t)-t
```

例 4-21 求解微分方程组的通解和初始条件为 $x\big|_{t=0}=0, y\big|_{t=0}=1$ 时的特解。

$$\begin{cases} \dfrac{\mathrm{d}x}{\mathrm{d}t}=y+x \\ \dfrac{\mathrm{d}y}{\mathrm{d}t}=2x \end{cases}$$

```
%例 4-21
>>[x,y]=dsolve('Dx=y+x,Dy=2*x')
x=
C11*exp(2*t)-C12/(2*exp(t))
y=
C11*exp(2*t)+C12/exp(t)
>>[x,y]=dsolve('Dx=x+y,Dy=2*x','x(0)=0,y(0)=1')
x=
exp(2*t)/3-1/(3*exp(t))
y=
2/(3*exp(t))+exp(2*t)/3
```

4.5 符号矩阵的创建和运算

在 MATLAB 中,数值矩阵不能直接参与符号运算,必须先转化为符号矩阵。数值矩阵与符号矩阵转化的函数是 sym 函数(将数值矩阵转化为符号矩阵)。

在 MATLAB 中,提供了很多专门用于符号矩阵的函数,如 transpose 函数(返回符号矩阵的转置矩阵)和 determ 函数(返回符号矩阵的行列式值)。还有许多数值矩阵的相关函数也可以直接应用于符号矩阵,如 diag 函数、triu 函数、tril 函数、inv 函数、det 函数、rank 函数和 eig 函数等。

4.5.1 符号矩阵的创建

符号矩阵也是一种符号表达式,通过 sym 函数创建符号矩阵,矩阵元素可以是任何不带等号的符号表达式,各符号表达式的长度可以不同,矩阵元素之间用逗号或者空格分隔。

注意:符号矩阵的每一行的两端都有方括号,这是与 MATLAB 数值矩阵的重要区别。

例 4-22 创建符号矩阵,符号矩阵和数值矩阵的转换。

```
%例 4-22
>>syms a b c;
>>M=[a b c;b c a;c a b]
M=
[a,b,c]
[b,c,a]
[c,a,b]
```

```
>>A=[1 1/2,1/3;1/2 1/3 1/4;1/3 1/4 1]
A=
    1.0000    0.5000    0.3333
    0.5000    0.3333    0.2500
    0.3333    0.2500    1.0000
>>M=sym(A)
M=
[  1,1/2,1/3]
[1/2,1/3,1/4]
[1/3,1/4,  1]
```

4.5.2 符号矩阵的运算

MATLAB为符号矩阵提供了与数值矩阵相应的操作方式和函数。

- 符号矩阵的加减运算：+、−。
- 符号矩阵的乘除运算：*、\。
- 符号矩阵的转置：'。
- 符号矩阵的行列式：det。
- 符号矩阵的逆运算：inv。
- 符号矩阵求秩：rank。
- 符号矩阵的幂：^。
- 符号矩阵的指数运算：exp,expm。

例 4-23 符号矩阵的运算。

```
%例 4-23
>>syms x;
>>A= [1/x  2/x  3/x;x+1  x+2  x+3];
>>B= [x  x  x+1;x  x+2  x];
>>M= A+B
M=
[ x+1/x, x+2/x,x+3/x+1]
[2*x+1,2*x+4, 2*x+3]
>>M'
ans=
[ conj(x)+1/conj(x),2*conj(x)+1]
[ conj(x)+2/conj(x),2*conj(x)+4]
[conj(x)+3/conj(x)+1,2*conj(x)+3]
>>M= [M; x x x];
>>M
M=
[ x+1/x, x+2/x,x+3/x+1]
[2*x+1,2*x+4, 2*x+3]
[     x,     x,       x]
```

```
>>d= det(M)
d=
-3*x-4
>>M= [x 1;x+2 0]
M=
[   x,1]
[x+2,0]
>>inv(M)
ans=
[0,1/(x+2)]
[1,-x/(x+2)]
>>rank(M)
ans=
2
>>M^2+1
ans=
[     x^2+x+3,x+1]
[x*(x+2)+1,x+3]
>>exp(M)
ans=
[   exp(x),exp(1)]
[exp(x+2),     1]
>>expm(M)
ans=
[(exp(x/2+(x^2+4*x+8)^(1/2)/2)*(x/2+(x^2+4*x+8)^(1/2)/2))/(x^2+4*x+8)^
(1/2)-(exp(x/2-(x^2+4*x+8)^(1/2)/2)*(x/2-(x^2+4*x+8)^(1/2)/2))/(x^2+4*
x+8)^(1/2),(exp(x/2-(x^2+4*x+8)^(1/2)/2)*(x/2-(x^2+4*x+8)^(1/2)/2)*
(x+(x^2+4*x+8)^(1/2)))/(2*(x+2)*(x^2+4*x+8)^(1/2))-(exp(x/2+(x^2+4*x+
8)^(1/2)/2)*(x/2+(x^2+4*x+8)^(1/2)/2)*(x-(x^2+4*x+8)^(1/2)))/(2*(x+2)*
(x^2+4*x+8)^(1/2))]
[ (exp(x/2+(x^2+4*x+8)^(1/2)/2)*(x+2))/(x^2+4*x+8)^(1/2)-(exp(x/2-(x^2+
4*x+8)^(1/2)/2)*(x+2))/(x^2+4*x+8)^(1/2),(exp(x/2-(x^2+4*x+8)^(1/2)/2)*
(x+(x^2+4*x+8)^(1/2)))/(2*(x^2+4*x+8)^(1/2))-(exp(x/2+(x^2+4*x+8)^
(1/2)/2)*(x-(x^2+4*x+8)^(1/2)))/(2*(x^2+4*x+8)^(1/2))]
```

[实用技巧]

【技巧】二重积分的计算。

例 4-24 计算 $\int_1^2 \int_{\sin(x)}^{\cos(x)} xy\,\mathrm{d}y\,\mathrm{d}x$ 二重积分。

```
%例 4-24
>>syms x y;
>>int(int(x*y,y,sin(x),cos(x)),1,2)
ans=
```

cos(4)/8-cos(2)/8-sin(2)/4+sin(4)/2

习题

1. 计算 $\sum\limits_{k=0}^{k=\infty} \dfrac{x^{2k}}{k!}$。

2. 计算下列式子的积分。

$\int \dfrac{a}{1+z^2} \mathrm{d}z$，$a$ 为常数

$\int \dfrac{xz^2}{1+z^2} \mathrm{d}z$，$x$ 为常数

$\int \dfrac{x}{1+ax^2} \mathrm{d}a$，$x$ 为常数

$\int_0^{3\pi} \sqrt{4\cos^2 t + \sin^2 t}\, \mathrm{d}t$

$\int x\sin x\, \mathrm{d}x$

$\int_\pi^{2\pi} \int_{3\pi}^{4\pi} (y\sin x + x\sin y)\, \mathrm{d}x\mathrm{d}y$

$\int_x^{x+1} \int_0^1 (x^2 + 2y^2 + 1)\, \mathrm{d}x\mathrm{d}y$

3. 求下列微分方程的通解，a 为常数。

$\dfrac{\mathrm{d}y}{\mathrm{d}t} = at$

$\dfrac{\mathrm{d}y}{\mathrm{d}t} = ay$

$\dfrac{\mathrm{d}y}{\mathrm{d}t} = y + 2$

$\begin{cases} \dfrac{\mathrm{d}x}{\mathrm{d}t} = 2y \\ \dfrac{\mathrm{d}y}{\mathrm{d}t} = -x + 1 \end{cases}$

第 5 章 MATLAB 图形处理

[本章要点]

- MATLAB 中图形处理的一般步骤。
- MATLAB 中二维图形的绘制方法。
- MATLAB 中三维图形的绘制方法。
- MATLAB 图形窗口中图形参数的设置方法。
- MATLAB 中声音与动画的处理方法。

[本章知识点]

图形窗口、二维绘图、三维绘图、声音处理、动画实现。

5.1 图形绘制概述

MATLAB 提供了大量的绘图函数帮助用户绘制二维或三维图形。MATLAB 在数据可视化方面的表现能力极为突出。它具有对线形、曲面、视角、色彩、光线阴影等丰富的处理能力,并能以二维、三维甚至多维的形式显示图形,并将数据的特征充分地表现出来。尤其在科学研究和工程上,将计算结果以图形显示出来,有助于了解计算过程以及分析计算结果。

MATLAB 图形绘制充分考虑了高低不同层次用户的不同需求。MATLAB 具有两个层次的绘图指令:一个是直接对图形句柄进行操作的底层绘图指令,它具有控制和表现数据图形的能力强,控制灵活多变的优点,对于具有较高需求的用户,能够完全满足他们的要求;另一个是在底层指令基础上建立起来的高层绘图指令,简单明了,易于掌握,适用于普通用户。

5.1.1 MATLAB 绘图基本步骤

MATLAB 进行图形制作时,通常采用以下步骤:

- 准备好绘图所需的数据;
- 选定绘图窗口与绘图区域;
- 利用绘图函数命令绘制图形;
- 设置图形格式(设置图形中曲线和标记点格式,设置坐标轴和网格线属性,标注图形);

- 保存和输出所绘制的图形。

5.1.2 创建图形窗口

1. 创建单个图形窗口

函数命令:
figure

调用格式:

figure,figure(n)

函数功能:
figure 函数创建单个图形窗口。
figure(n)创建单个图形窗口,且该图形窗口编号为 n。

注意:若未打开图形时执行该命令,则创建一个图形窗口。若已经打开了几个图形窗口,执行该命令将把图形输出到当前激活的窗口中,并覆盖该窗口中原有的图形。

例 5-1 创建单个图形窗口,并在图形窗口上作出函数 $y=x$ 在区间 $[-10,-10]$ 上的图形。运行结果如图 5-1 所示(可以将运行结果图形在 figure 图形窗口中另存为 MATLAB 的 fig 文件或者其他如 jpg 等图形格式的文件)。

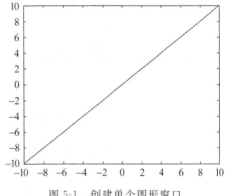

图 5-1 创建单个图形窗口

```
%例 5-1
>>clear
>>clf
>>x=-10:0.01:10;        %准备好绘图所需的数据 x
>>y=x;                  %准备好绘图所需的数据 y
>>h=figure;             %选定绘图窗口与绘图区域
>>plot(x,y)             %利用绘图函数命令绘制图形
```

2. 创建多重子图窗口

函数命令:
subplot

调用格式:

subplot(m,n,p),subplot(mnp),subplot('position',[l b w h])

函数功能:
subplot(m,n,p)和 subplot(mnp)函数将图形窗口分为 m×n 个子图窗口。其中,

m 为子图行数，n 为子图列数；p 为子图序号。

subplot('position',[l b w h])在指定的位置绘制子图。其中，position 为 subplot 的位置属性；l、b、w、h 分别为子图左下角、底部、宽度和高度的属性值。

注意：若执行命令前已经存在某一子图，则该命令将新图形输出到相应子图，并把原子图覆盖。

例 5-2 创建多重子窗口。在同一图形窗口中分别作出 $y=\sin(x)$、$y=\sin(2x)$、$y=\sin(3x)$ 和 $y=\sin(4x)$ 在 $x[0,2\pi]$ 的图形。运行结果如图 5-2 所示。

```
%例 5-2
>>clear
>>clf
>>x=0:0.01:2*pi;
>>y1=sin(x);y2=sin(2*x);y3=sin(3*x);y4=sin(4*x);
>>a=subplot(2,2,1);plot(x,y1);
>>b=subplot(2,2,2);plot(x,y2);
>>c=subplot(2,2,3);plot(x,y3);
>>d=subplot(2,2,4);plot(x,y4);
```

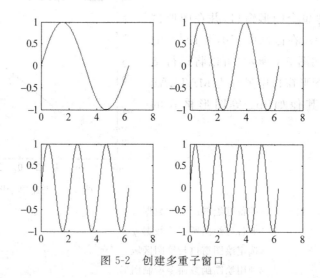

图 5-2 创建多重子窗口

5.1.3 读取外部图像数据

MATLAB 提供了从外部文件中读取图像数据的函数，可以直接从外部文件中读取图像数据并在 MATLAB 环境中加以处理。

函数命令：

imread

调用格式：

x=imread(filename,fileformat),[x,map]=imread(filename,fileformat)

函数功能：

x=imread(filename,fileformat)：imread 从外部文件 filename 中读取格式为 fileformat 的图像数据。其中 filename 为外部文件的路径＋文件名，fileformat 指定了外部文件的格式，如 jpeg、tiff、gif 和 bmp 等。

[x,map]=imread(filename,fileformat)：imread 从外部文件 filename 中读取格式为 fileformat 的图像，其中，x 为所获取的图像，map 为图像相关信息。对于灰度图像和彩色图像，x 分别为二维和三维数组。

注意：对于返回参数 x 和 map：
- 使用函数 colormap(map)可以获得图形的颜色信息；
- 使用函数 image(x)可以重新绘制该图形。

例 5-3 利用 imread 读取外部图形文件。图形文件 5-3-vv.jpg 文件保存在当前文件夹中。运行结果如图 5-3 所示。

```
%例 5-3
>>x=imread('图 5-3-vv','jpg');
>>image(x);
```

图 5-3　读取外部图形文件

5.1.4　图形绘制分类方法

可以按照以下的分类方法对 MATLAB 的绘图函数进行分类。

(1) 按照绘图的维度分类，可分为二维绘图、三维绘图。

(2) 按照绘制的坐标系分类，可分为直角坐标系绘图、对数坐标系绘图、极坐标绘图、双轴图。

(3) 按照绘制变元分类，可分为函数绘图、符号表达式绘图。

5.2　二维绘图

MATLAB 提供了非常丰富的二维绘图函数，在命令窗口中输入"help graph2d"就可以得到绘制二维图形的函数。MATLAB 提供的常用二维绘图函数如表 5-1 所示。

表 5-1　常用二维绘图函数

命令名	命令描述	命令名	命令描述
plot	二维绘图函数	pie	绘制饼图
hist	绘制直方图	area	绘制面积图
bar	绘制柱状图	stem	绘制火柴杆图
barh	绘制水平柱状图	stairs	绘制阶梯图

续表

命令名	命令描述	命令名	命令描述
contour	绘制等高线图	feather	绘制羽毛图
contourf	绘制填充模式等高线图	quiver	绘制向量场图
clabel	绘制标注等高线图	compass	绘制罗盘图

5.2.1 二维图形基本绘图函数

函数命令:

plot

调用格式:

plot(x),plot(x,y),plot(x,y1,x,y2,…,x,yn)

函数功能:

plot(x)当 x 为一个向量时,以 x 元素的值为纵坐标,x 的序号为横坐标值绘制曲线。

plot(x,y)以 x 元素为横坐标值,以 y 元素为纵坐标值绘制曲线。

plot(x,y1,x,y2,…,x,yn)以 x 元素为横坐标值,以 y1,y2,…,yn 元素值为纵坐标值绘制曲线。

思考:当 x 是一个矩阵时,plot 函数如何绘图?

例 5-4 利用 plot 函数绘制图形。运行结果如图 5-4 和图 5-5 所示。

```
%例 5-4
%绘制 plot(x)
>>clf
>>x=[1 3 5 7 9];
>>a=subplot(1,3,1);plot(x);
>>x=[1 2;3 4];
>>b=subplot(1,3,2);plot(x);
>>x=[1 2;3 4;5 6];
>>c=subplot(1,3,3);plot(x);
%绘制 plot(x,y)
>>x=[1 2 3 4];y=[7 8 9 0];
>>a=subplot(1,3,1);plot(x,y);
>>y=[7 8 9 0;1 2 3 4;2 2 2 2];
>>b=subplot(1,3,2);plot(x,y);
>>x=[1 2 3 4;5 6 7 8;9 1 2 3];
>>y=[7 8 9 0;1 2 3 4;2 2 2 2];
>>c=subplot(1,3,3);plot(x,y);
```

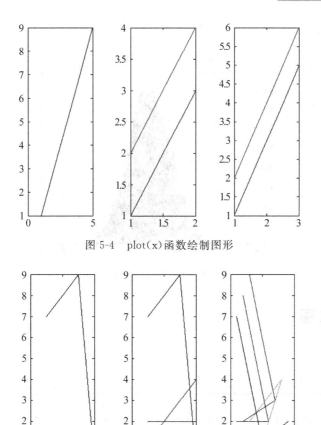

图 5-4　plot(x)函数绘制图形

图 5-5　plot(x,y)函数绘制图形

5.2.2　直方图

函数命令：

hist

调用格式：

hist(x,y)

函数功能：

hist(x,y)以向量 y 的各个元素值为统计范围，绘制出 x 的分布图。

说明：hist 直方图函数用来绘制直角坐标系下的频数直方图，其中，已知数据集的数据范围被分割成若干个区间，每一个柱条代表处于该区间中的数据点数目。

例 5-5　利用 hist 函数绘制直方图。运行结果如图 5-6 所示。

```
%例 5-5
>>x=randn(10000,1);
```

```
>>y=-4:0.1:4;
>>hist(x,y)
```

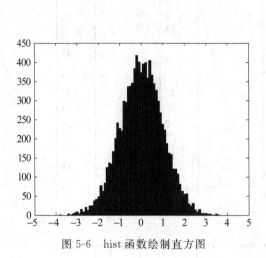

图 5-6　hist 函数绘制直方图

5.2.3　柱状图

函数命令：

bar,barh

调用格式：

bar(y),bar(x,y),bar(x,y,width,'grouped'),bar(x,y,width,'stack')

函数功能：

bar(y)绘制柱状图，默认 x=1：size(y)，y 是向量。

bar(x,y)中，x 必须单调递增或递减，y 为 m×n 矩阵，bar 绘制图形为 m 组垂直柱，将 y 的行绘制在一起，同一列的数据用相同的颜色表示。

bar(x,y,width,'grouped')确定每个垂直柱的宽度，并将同一组垂直柱靠在一起。

bar(x,y,width,'stack')确定每个垂直柱的宽度，并将同一组垂直柱垒叠在一起绘图。

说明：柱状图函数将单个数据显示为纵向或者横向的柱条，这样的图形在查看变量的时间变化趋势、比较不同组的数据集、比较各个单独数据点在总体中的比重等方面都具有比较直观的效果。

注意：barh 和 bar 函数在用法上相同，只是 barh 函数绘制出的是水平放置的二维柱状图，而 bar 函数绘制的是垂直放置的二维柱状图。

例 5-6　用 bar 和 barh 绘制柱状图。运行结果如图 5-7～图 5-9 所示。

```
%例 5-6
%%用 bar 函数绘制
>>clf
>>y=[1 2 3 4];
>>a=subplot(1,4,1);bar(y);
>>y=[1 2 3 4;2 3 4 5;5 6 7 8];
>>b=subplot(1,4,2);bar(y);
```

```
>>c=subplot(1,4,3);bar(y,2);
>>d=subplot(1,4,4);bar(y,0.08);
%%注意参数 stack
>>clf;
>>y=[1 2 3 4;2 3 4 5;5 6 7 8];
>>subplot(3,1,1);bar(y);
>>subplot(3,1,2);bar(y,0.08,'grouped');
>>subplot(3,1,3);bar(y,'stack');
%%用 barh 函数绘制
>>clf
>>y=[1 2 3 4];
>>a=subplot(1,4,1);barh(y);
>>y=[1 2 3 4;2 3 4 5;5 6 7 8];
>>b=subplot(1,4,2);barh(y);
>>c=subplot(1,4,3);barh(y,2);
>>d=subplot(1,4,4);barh(y,0.08);
```

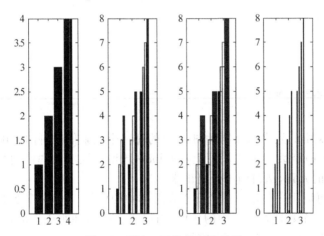

图 5-7 用 bar 函数绘制柱状图

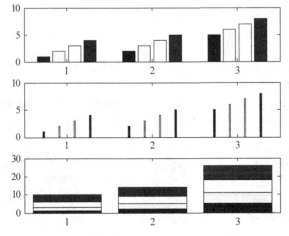

图 5-8 用 bar 函数绘制累叠柱状图

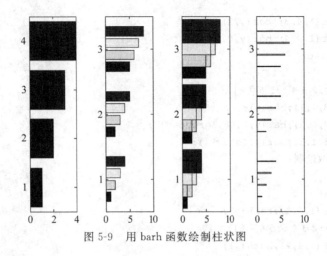

图 5-9　用 barh 函数绘制柱状图

5.2.4　饼图

函数命令：

pie

调用格式：

pie(x),pie(x,explode)

函数功能：

pie(x)使用 x 中的元素值绘制饼图，x 中的每一个元素值在饼图中用一个扇区表示

pie(x,explode)函数中 x 用法同上，explode 是和 x 维度相同的向量，其非零元素将其所对应的 x 中的元素，从饼图中分离出来。

说明：饼图可以用来显示每一个元素在总体中的比例，若输入数据综合超过 1，pie 函数会自动计算每一个数据在总体中的比例；当输入数据总和小于 1 时，pie 函数只绘制输入数据指定的各部分，不足 1 的部分空缺。

例 5-7　用 pie 函数绘制饼图。运行结果如图 5-10 所示。

```
%例 5-7
>>clf
>>x=[32 58 27 21 16];
>>subplot(1,3,1);pie(x);                %直接绘制
>>explode=[0 0 1 0 1];
>>subplot(1,3,2);pie(x,explode);        %explode 参数控制分离的部分
>>subplot(1,3,3);pie(x,{'you','liang','zhong','jige','cha'});
```

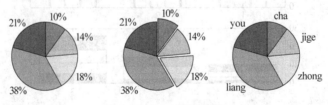

图 5-10　用 pie 绘制饼图

5.2.5 面积图

函数命令:
area

调用格式:

area(x,y)

函数功能:

area(x,y)在 plot 的基础上,填充 x 轴和曲线之间的面积。

说明:面积图用来将每一组数据点垒叠绘制,把每一个数据集合的相邻点用线条连起来,并把每一个数据集合所在区域用颜色填充,主要用于查看某个数在该列所有数的总和中所占的比例。

例 5-8 用 area 函数绘制面积图。运行结果如图 5-11 所示。

```
%例 5-8
>>clf
>>x=0:0.01:2*pi;y=sin(x);
>>subplot(1,2,1);area(x,y);
>>y=x;
>>subplot(1,2,2);area(x,y);
```

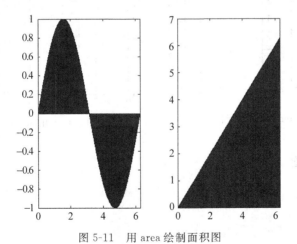

图 5-11 用 area 绘制面积图

5.2.6 火柴杆图

函数命令
stem

调用格式:

stem(x),stem(x,y)

函数功能：

stem(x)绘制 x 向量的数据图，数据点用垂直于 x 轴的火柴头（或称之为针状图的针眼）描述。

stem(x,y)绘制 x 为数据范围的 y 向量的数据图，数据点用垂直于 x 轴的火柴头（或称之为针状图的针眼）描述。

说明：可以通过火柴杆图可以定制火柴杆图的线型、颜色、火柴头的形状以及是否填充等属性。

例 5-9 用 stem 绘制火柴杆图。运行结果如图 5-12 所示。

```
%例 5-9
>>clf
>>x=[1 2 3 4 5 6];
>>subplot(1,2,1);stem(x);
>>y=[0 2 4 6 8 10];
>>subplot(1,2,2);stem(x,y);
```

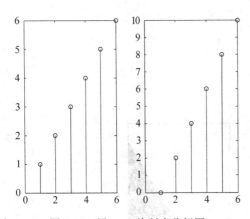

图 5-12 用 stem 绘制火柴杆图

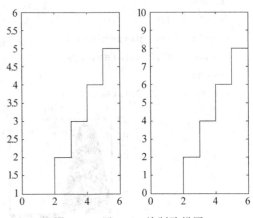

图 5-13 用 stairs 绘制阶梯图

5.2.7 阶梯图

函数命令：

stairs

调用格式：

stairs(x),stairs(x,y)

函数功能：

stairs(x)绘制 x 向量的阶梯图，数据点间用类似阶梯的线段描述。

stairs(x,y)绘制 x 为数据范围的 y 向量的阶梯图，数据点间用类似阶梯的线段描述。

说明：可以通过阶梯图描述离散数据的变化趋势。

例 5-10 用 stairs 绘制阶梯图。运行结果如图 5-13 所示。

```
%例 5-10
```

```
>>clf
>>x=[1 2 3 4 5 6];
>>subplot(1,2,1);stairs(x);
>>y=[0 2 4 6 8 10];
>>subplot(1,2,2);stairs(x,y);
```

5.2.8 等高线图

函数命令：

contour

contourf

调用格式：

contour(z),contour(z,v)

contour(z)绘制矩阵 z 的等高线图。

contour(z,v) 绘制矩阵 z 的等高线图，v 为等值水平数。

说明：等高线图通常用于显示多元函数的函数值变化趋势。

注意：contourf 函数用法同 contour 函数，区别在于 contourf 用于绘制填充模式的等高线图，即等值区域被填充。

例 5-11 用 contour 绘制等高线图。运行结果如图 5-14 所示。

```
%例 5-11
>>clf
>>Z=peaks;
>>v=0.02;
>>subplot(3,1,1);contour(Z);
>>subplot(3,1,2);contour(Z,v);
>>subplot(3,1,3);contourf(Z);
```

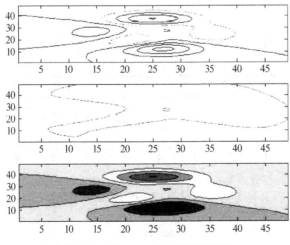

图 5-14 用 contour 绘制等高线图

5.2.9 向量图

函数命令：

feather,quiver,compass

调用格式：

feather(u,v),quiver(x,y,u,v)

函数功能：

feather(u,v) 绘制向量 u,v 的羽状图。

quiver(x,y,u,v) 绘制向量 x,y,u,v 的向量场图。

compass(u,v) 绘制向量 u,v 的罗盘图。

说明：feather 函数用来绘制羽状图，接受直角坐标向量参数，在直角坐标系下绘制，每个数据点被表示为带箭头的线段，起点是 x 轴上间隔单位长度的刻度点。

quiver 函数绘制以(x,y)为起点，箭头方向为(u,v)的向量场。向量场图也是直角坐标系下的向量场，常用于描述梯度场。

compass 绘制箭头发自圆心的罗盘图，箭头大小由(u,v)定义。

注意：MATLAB 中常用的向量图包括羽状图、向量场图和罗盘图。其中，罗盘图接受直角坐标向量参数，但绘制出的罗盘图中每个数据点被表示为在极坐标中的一条从原点出发的带箭头的线段。罗盘图在本章极坐标绘图中有详细介绍。

例 5-12 绘制向量图。运行结果如图 5-15 所示。

```
%例 5-12
>>clf
>>x=[1 2 3 4 5 6];y=[1 2 3 4 5 6];
>>u=[1 2 3 4 5 6];v=[1 2 3 4 5 6];
>>subplot(3,1,1);feather(u,v);
>>subplot(3,1,2);quiver(x,y,u,v);
>>subplot(3,1,3);compass(u,v);
```

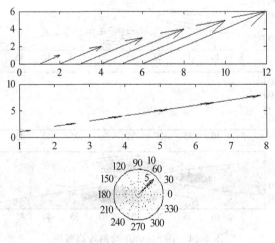

图 5-15 绘制向量图

5.3 图形修饰

在图形窗口绘制图形之后,需要对图形进行简单操作、说明和修饰,增加图形的可读性。

5.3.1 获取鼠标所在位置

函数命令:
ginput

调用格式:

```
[x,y]=ginput
```

函数功能:
ginput 为从鼠标所在点获得位置数据;返回值[x,y]为鼠标所在位置坐标。

注意:用鼠标获得所在点数据后,按 Enter 键后 MATLAB 返回位置数据。

例 5-13 用 ginput 函数获得位置数据。运行结果如图 5-16 所示。

```
%例 5-13
%%获得一个鼠标所在点的位置数据
>>[x,y]=ginput
x=
    0.4021
y=
    0.6681
%%获得 5 个鼠标所在点的位置数据
>>[x,y]=ginput(5)
x=
    0.0495
    0.2085
    0.4873
    0.6071
    0.3606
y=
    0.6740
    0.6944
    0.7003
    0.5395
    0.4108
%%利用鼠标所点击位置的数据作图
>>plot(x,y);
```

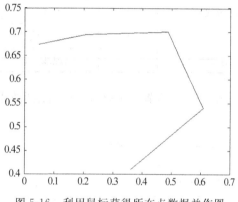

图 5-16 利用鼠标获得所在点数据并作图

5.3.2 图形格式的设置

形如 plot(x,y,mode)的命令中,mode 参数定义了图形曲线的颜色、线型以及标示符号等。图形格式的常用设置如表 5-2 所示。

表 5-2　图形格式的设置

	字符	颜色		字符	点型
图形颜色定制	b	蓝色	图形点型的定制	.	点号
	c	青色		o	圆圈号
	g	绿色		x	叉号
	k	黑色		+	十字形号
	m	洋红色		*	星号
	r	红色		s	方块号
	w	白色		d	钻石形号
	y	黄色		p	五角星号
	字符	线型		h	六角星号
图形线型定制	—	实线		V	顶点向下的三角形
	:	点线		<	顶点向左的三角形
	-.	点划线		>	顶点向右的三角形
	--	虚线		^	顶点向上的三角形

例 5-14　设置图形格式。运行结果如图 5-17 所示。

```
%例 5-14
>>x=0:pi/10:2*pi;
>>y1=sin(x);
>>y2=cos(x);
>>plot(x,y1,'r+-',x,y2,'k*:');
```

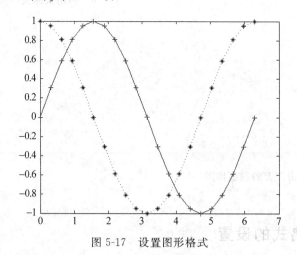

图 5-17　设置图形格式

5.3.3 图形与坐标轴的删除

- clf：清除当前图形。
- cla：清除当前坐标轴。

例 5-15 清除图形和坐标轴。运行结果如图 5-18 所示。

```
%例 5-15
>>clf                    %清除当前图形窗口中的所有图形
>>x=0:pi/10:2*pi;
>>y1=sin(x);
>>y2=cos(x);
>>a=subplot(3,1,1);plot(x,y1);
>>b=subplot(3,1,2);plot(x,y2);
>>c=subplot(3,1,3);plot(x,y1,'r+-',x,y2,'k*:');
>>cla(b)                 %清除当前坐标轴中的所有图形
```

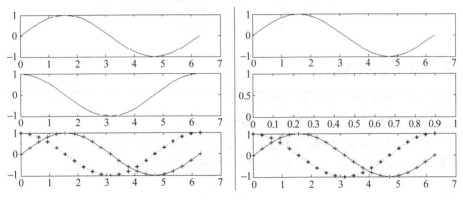

图 5-18 清除图形和坐标轴

5.3.4 坐标轴定义和设置

- axis([xmin xmax ymin ymax])：指定作图时坐标轴的范围。
- axis equal：x 轴和 y 轴的比例尺相同。
- axis square：坐标轴图框成正方形。
- axis off：清除坐标刻度。

例 5-16 设置坐标轴。运行结果如图 5-19 所示。

```
%例 5-16
>>clf
>>x=0:pi/10:2*pi;
>>y=sin(x);
>>subplot(2,2,1);plot(x,y);
>>subplot(2,2,2);plot(x,y);axis([0 2*pi -0.9 0.9]);
>>subplot(2,2,3);plot(x,y);axis equal;
```

```
>>subplot(2,2,4);plot(x,y);axis square;
%清除当前坐标轴的刻度
>>axis off
```

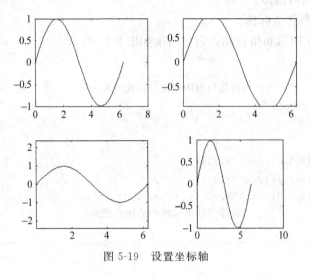

图 5-19 设置坐标轴

5.3.5 网格线设置

- grid on：给当前坐标系加上网格线。
- grid off：从当前坐标系中删除网格线。
- grid：网格切换命令，相当于交替执行 grid on 与 grid off 命令。

例 5-17 网格线设置。运行结果如图 5-20 所示。

-例 5-17
```
>>clf;
>>x=0:pi/10:2*pi;
```

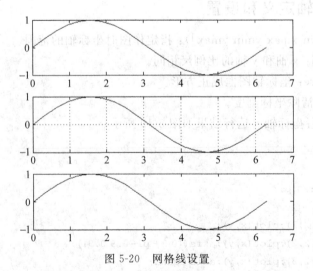

图 5-20 网格线设置

```
>>y=sin(x);
>>subplot(3,1,1);plot(x,y);
>>subplot(3,1,2);plot(x,y);grid on;
>>subplot(3,1,3);plot(x,y);grid off;
```

5.3.6 图例设置

- legend(str1,str2,…,k)：增加图例，str1,str2,…为图例标题，与图形内曲线对应；k为图例放置位置参数。
- legend off：删除图例。

例 5-18 设置图例。运行结果如图 5-21 所示。

```
%例 5-18
>>clf
>>x=0:pi/10:2*pi;
>>y1=sin(x);y2=cos(x);
>>subplot(3,1,1);plot(x,y1,x,y2);
>>subplot(3,1,2);plot(x,y1,x,y2);legend('sin(x)','cos(x)')
>>subplot(3,1,3);plot(x,y1,x,y2);legend('sin(x)','cos(x)',2)
```

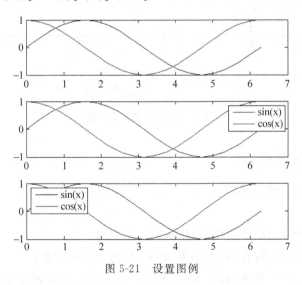

图 5-21 设置图例

5.3.7 文字及标题设置

- text(x,y,'字符串')：在图形指定坐标位置上标示字符串。
- gtext('字符串') 利用鼠标在图形的某一位置标示字符串。
- title('字符串') 在所画图形的最上端标示该图形标题的字符串。
- xlabel('字符串')设置 x 轴的名称。
- ylabel('字符串')设置 y 轴的名称。
- zlabel('字符串')设置 z 轴的名称。

例 5-19 设置文字及标题。运行结果如图 5-22 所示。

```
%例 5-19
>>clf
>>x=0:pi/10:2*pi;
>>y=sin(x);
>>plot(x,y);
>>text(3.5,0,'sin(x)');
>>gtext('sin(x)示例');           %先用鼠标在图形窗口确定一个位置
>>title('设置文字及标题示例');
>>xlabel('x axis');
>>ylabel('y axis');
```

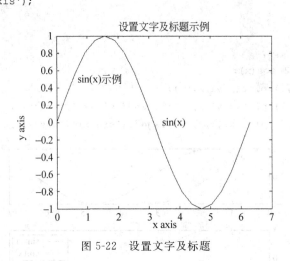

图 5-22　设置文字及标题

5.3.8　增加图形元素

- hold on：当前图形保持在图形窗口不变，允许在当前坐标系内绘制另外一个图形。
- hold off：释放已绘制的图形，使新图覆盖旧图。
- hold：切换命令，即在 hold on 和 hold off 命令之间切换。

注意：MATLAB 绘图时，默认 hold 命令为 hold off，此时新的绘图命令会使新图覆盖旧图。因此，如果需要在图形窗口中保持原有图形，必须在绘制图形之前调用 hold on 命令。

例 5-20　用 hold 函数增加图形。运行结果如图 5-23 所示。

```
%例 5-20
>>clf
>>x=0:pi/10:2*pi;
>>y1=sin(x);
>>y2=cos(x);
```

```
>> subplot(3,1,1);plot(x,y1);
>> subplot(3,1,2);hold on;plot(x,y2);
>> plot(x,y1);
>> hold on;plot(x,y2);
>> hold off;plot(x,x);
```

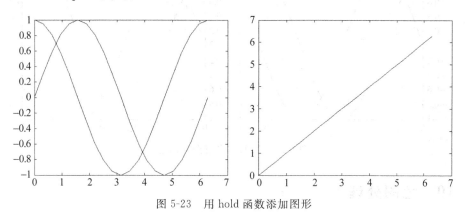

图 5-23 用 hold 函数添加图形

5.3.9 get 和 set 命令

- get：获取图形句柄信息，如坐标轴或曲线信息。
- set：设置图形句柄信息，如坐标轴或曲线信息。

例 5-21 获取和设置图形信息。运行结果如图 5-24 所示。

```
%例 5-21
>> clf
>> x=0:pi/10:2*pi;
>> y1=sin(x);y2=cos(x);
>> ax1=plot(x,y1);
>> hold on;
>> ax2=plot(x,y2);
>> ax1Color=get(ax1,'Color')
ax1Color =
    0    0    1
>> ax2Color=get(ax2,'Color')
ax2Color =
    0    0    1
>> set(ax1,'Color',[ 0 0 0]);
>> ax1Color=get(ax1,'Color')
ax1Color =
    0    0    0
>> set(ax2,'Color','r');
>> ax2Color=get(ax2,'Color')
```

```
ax2Color =
     1    0    0
```

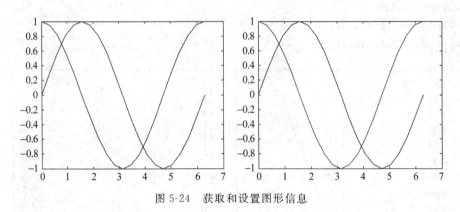

图 5-24　获取和设置图形信息

5.3.10　色图处理

● colormap(map)：将当前图形色图设置为 map 格式。

map 通常为下列格式之一：hsv(红色－蓝色－深红色)、gray(灰度)、pink(粉红色)、cool(青色－深红色)、autumn(红色－黄色)、spring(红紫色－黄色)、winter(蓝色－绿色)、summer(绿色－黄色)等。

● brighten(s)：改变当前图形窗口色图的亮度。

若 $-1 < s < 0$，则当前图形变暗；若 $0 < s < 1$，则当前图形变亮。

例 5-22　设置色图和亮度。运行结果如图 5-25 所示。

```
%例 5-22
>>clf
>>Z=peaks;
>>mesh(Z)
>>colormap(autumn);
>>brighten(1)
```

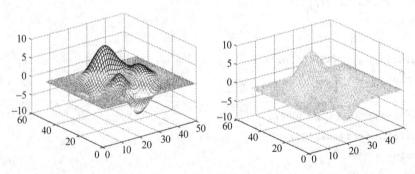

图 5-25　设置色图和亮度

5.4 三维绘图

MATLAB 提供了非常丰富的三维绘图函数,在命令窗口中输入"help graph3d"就可以得到所有绘制三维图形的命令。在 MATLAB 中,可以绘制的三维图形有三维曲线和三维曲面。

5.4.1 三维曲线基本绘图函数

函数命令:

plot3

调用格式:

plot3(x1,y1,z1,x2,y2,z2,…,xn,yn,zn)

函数功能:

plot3(x1,y1,z1,x2,y2,z2,…,xn,yn,zn)绘制三维曲线图,其中,每组(x,y,z)都对应着 x、y、z 轴的坐标值。

说明:plot3 函数也可以加 mode 参数,形如 plot3(x,y,z,mode)的函数可以通过 mode 取值来设置三维曲线的格式等信息。

例 5-23 绘制三维曲线。绘制 x 在 $[0, 2*\text{pi}]$,y 在 $[0, 2*\text{pi}]$,$z = \cos(x) + \sin(y)$ 对应的曲线。运行结果如图 5-26 所示。

```
%例 5-23
>>clf
>>x=0:0.01:2*pi;y=0:0.01:2*pi;
>>z=cos(x)+sin(y);
>>plot3(x,y,z);
```

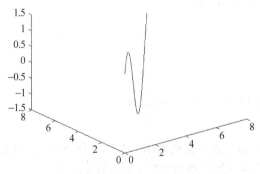

图 5-26 绘制三维曲线

例 5-24 绘制以下方程对应的三维曲线。

$$\begin{cases} y1 = \sin(t) \\ y2 = \cos(t) \\ x = t \end{cases} 在 t = [0, 2\pi]$$

运行结果如图 5-27 所示。

```
%例 5-24
>>clf
>>t=0:pi/10:2*pi;
>>y1=sin(t);y2=cos(t);
>>subplot(1,2,1);plot3(y1,y2,t);
>>subplot(1,2,2);plot3(y1,y2,t);grid on;
>>xlabel('Dependent Variable Y1');
>>ylabel('Dependent Variable Y2');
>>zlabel('Dependent Variable X');
>>title('Sin and Cos Curve');
```

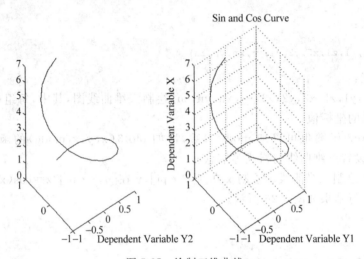

图 5-27　绘制三维曲线

5.4.2　三维网格曲面图

函数命令：

mesh

调用格式：

mesh(X,Y,Z),meshc(X,Y,Z),meshz(X,Y,Z)

函数功能：

mesh(X,Y,Z)：绘制三维网格曲面图。其中参数 X、Y、Z 都是二维矩阵值。

meshc(x,y,z)：绘制三维网格曲面图，并添加等值线。

meshz(x,y,z)：绘制三维网格曲面图，并添加零平面。

说明：X、Y、Z 这三个参数值可以通过 meshgrid(x,y) 函数将 x,y 指定的区域转换成矩阵 X 和 Y。在绘图时，可以通过 meshgrid 函数产生在 x—y 平面上的二维网格数据，进而得到 Z 矩阵，即可画出三维网格曲面图。

例 5-25　绘制三维网格曲面图。运行结果如图 5-28 所示。

```
%例 5-25
```

```
>>clf
>>Z=peaks(40);
>>mesh(Z)
```

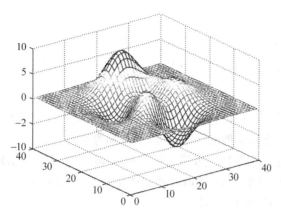

图 5-28　绘制三维网格曲面

例 5-26　绘制三维网格曲面图。运行结果如图 5-29 所示。

绘制 $Z=\dfrac{\sin(\sqrt{x^2+y^2})}{\sqrt{x^2+y^2}}$ 在 $x\in[-10,10], y\in[-10,10]$ 的图形。

```
%例 5-26
>>clf
>>x=-10:0.1:10;y=-10:0.1:10;
>>[X,Y]=meshgrid(x,y);
>>R=sqrt(X.^2+Y.^2)+eps;
>>Z=sin(R)./R;
>>subplot(1,3,1);mesh(X,Y,Z);
>>subplot(1,3,2);meshc(X,Y,Z);
>>subplot(1,3,3);meshz(X,Y,Z);
```

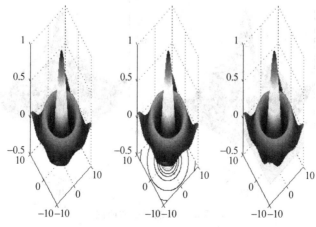

图 5-29　绘制三维网格曲线图

5.4.3 三维曲面图

函数命令：
surf

调用格式：

surf(X,Y,Z),surfc(X,Y,Z)

函数功能：

surf(X,Y,Z)：绘制三维曲面图。其中参数 X、Y、Z 都是二维矩阵值。

surfc(X,Y,Z)：绘制数据的三维曲面，并添加等值线；

说明：X、Y、Z 这三个参数值可以通过 meshgrid 函数将 x,y 指定的区域转换成矩阵 X 和 Y。在绘图时，可以通过 meshgrid 函数产生在 x—y 平面上的二维的网格数据，进而得到 Z 矩阵，即可画出三维曲面图。

例 5-27 绘制三维曲面图。运行结果如图 5-30 所示。

绘制 $Z=\dfrac{\sin(\sqrt{x^2+y^2})}{\sqrt{x^2+y^2}}$ 的三维曲面图，其中，$x\in[-10,10]$，$y\in[-10,10]$。

```
%例 5-27
>>clf
>>x=-10:0.1:10;y=-10:0.1:10;
>>[X,Y]=meshgrid(x,y);
>>R=sqrt(X.^2+Y.^2)+eps;
>>Z=sin(R)./R;
>>subplot(1,2,1);surf(X,Y,Z);
>>subplot(1,2,2);surfc(X,Y,Z);
```

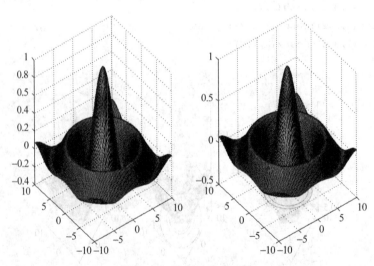

图 5-30 绘制三维曲面图

5.4.4 三维柱状图

函数命令：

bar3，bar3h

调用格式：

```
bar3(x,mode)
```

函数功能：

bar3(x,mode)按照 x 中的数据绘制垂直放置的三维柱状图。mode 可以设置成 grouped 或者 stack 来指定这些数据是分组式放置还是叠加式放置。

说明：bar3h(x,mode)和 bar3 函数使用方法相似，只是 bar3h 用于绘制水平放置的三维柱状图。

例 5-28 绘制三维柱状图。运行结果如图 5-31 所示。

```
%例 5-28
>>clf
>>x=[1 4 7];
>>y=[1 2 3 4;2 3 4 5;3 4 5 6];
>>subplot(1,4,1),bar3(y);
>>subplot(1,4,2),bar3(x,y);
>>subplot(1,4,3),bar3(x,y,'stack');
>>subplot(1,4,4),bar3h(x,y);
```

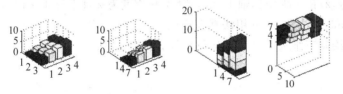

图 5-31 绘制三维柱状图

5.4.5 三维饼图

函数命令：

pie3

调用格式：

```
pie3(x,explode)
```

函数功能：

pie3(x,explode)用于绘制三维饼图，通过三维饼图的图形显示各组分别所占比例。explode 参数用来分离非零值所对应的部分。

说明：pie3 用法和 pie 用法基本相似。

例 5-29 绘制三维饼图。运行结果如图 5-32 所示。

```
%例 5-29
>>clf
>>x=[1 2 3 4 5 6];
>>explode=[0 0 0 0 1 0];
>>subplot(1,2,1),pie3(x);
>>subplot(1,2,2),pie3(x,explode);
```

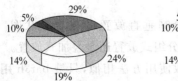 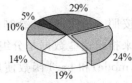

图 5-32　绘制三维饼图

5.4.6　三维火柴杆图

函数命令：

stem3

调用格式：

stem3(x,y,z)

函数功能：

stem3(x,y,z)在三维坐标轴下(x,y)处绘制长度为 z 且平行于 z 轴的三维火柴杆图。

说明：stem3 用法和 stem 用法基本相似。

例 5-30 绘制三维火柴杆图。运行结果如图 5-33 所示。

```
%例 5-30
>>clf
>>x=[1 2 3 4 5 6];
>>stem3(x);
```

5.4.7　圆柱体图

函数命令：

cylinder

调用格式：

[X,Y,Z]=cylinder(r,n)

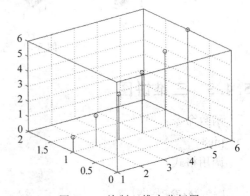

图 5-33　绘制三维火柴杆图

函数功能：

[X,Y,Z]=cylinder(r,n)返回 X、Y、Z 三个矩阵值。通过这些矩阵值所绘制的圆柱体是由基线 r 绕 z 轴旋转一周而成的。基线是由各个点与 z 轴的距离来定义的。

说明：MATLAB 提供绘制圆柱体的方法是：先利用 cylinder 函数生成一组圆柱体表面的坐标值，然后又通过 mesh 或 surf 命令来绘制出这个圆柱体。

参数 r 为一个向量，它表示等距离分布的沿圆柱体基线在其单位高度的半径。r 的默认值是[1 1]。参数 n 确定了圆柱体绘制的精度，n 越大，则数据点越多，绘制出的圆柱体越精确。反之，n 越小，精度越低。n 的默认值是 n=20。

例 5-31　绘制三维圆柱体图。运行结果如图 5-34 所示。

```
%例 5-31
>>clf
>>r=[1 1];n=20;
>>subplot(1,2,1),cylinder(r,n);
>>[X,Y,Z]=cylinder([2 2],100);
>>subplot(1,2,2),surf(X,Y,Z);
```

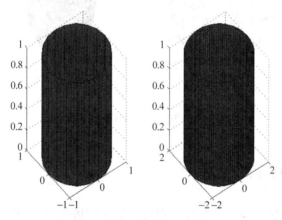

图 5-34　绘制三维圆柱体图

5.4.8　球面图

函数命令：

sphere

调用格式：

sphere(n), [X,Y,Z]=sphere(n)

函数功能：

sphere(n)产生单位球面上的数据点，并直接绘制出这个单位球面。[X,Y,Z]=sphere(n)产生 X、Y、Z 三个矩阵值，分别表示球表面上一些列数据点(x,y,z)的坐标值。利用这些矩阵值，可以再使用 mesh 和 surf 函数来绘制球面。

说明：MATLAB 提供绘制球面的方法是：先利用函数 sphere 函数生成一组球面表面的坐标值，然后又通过 mesh 或 surf 命令来绘制出这个球面。

参数 n 确定了圆柱体绘制的精度，n 越大，则数据点越多，绘制出的圆柱体越精确。反之，n 越小，精度越低。n 的默认值是 n=20。

例 5-32 绘制球面图。运行结果如图 5-35 所示。

```
%例 5-32
>>clf
>>n=20;
>>subplot(1,2,1),sphere(n);
>>[X,Y,Z]=sphere(100);
>>subplot(1,2,2),surf(X,Y,Z);
```

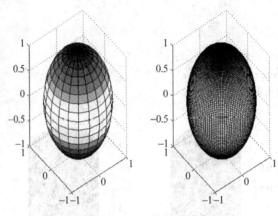

图 5-35 绘制球面图

5.5 观察点设置

MATLAB 允许用户设置观察点。通过设置不同的视点,用户可以从各个角度观察所绘制的图形。

函数命令:

view

调用格式:

view(azimuth,elevation)

函数功能:

view(azimuth,elevation)中,azimuth 是方位角,即观察点和坐标原点连线在 xy 平面内的投影和 y 轴负方向的夹角。elevation 是仰角,即观察点与坐标原点的连线和 xy 平面的夹角。二维图形中两个参数的默认值是(0,90),三维图形中这两个参数的默认值是(-37.5,30)。

例 5-33 设置观察点。运行结果如图 5-36 所示。

```
%例 5-33
>>clf
>>z=peaks(40);
>>subplot(2,2,1);surf(z);
```

```
>> subplot(2,2,2);surf(z);view(-37.5,30);
>> subplot(2,2,3);surf(z);view(180,0);
>> subplot(2,2,4);surf(z);view(0,90);
```

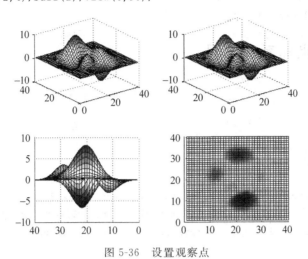

图 5-36 设置观察点

5.6 坐标系绘图

5.6.1 直角坐标系中绘图

MATLAB 提供的大多数二维或三维的绘图函数都在直角坐标系中绘图,如 plot、plot3 和其他特殊绘图函数。

例 5-34 在直角坐标系中绘图。运行结果如图 5-37 所示。

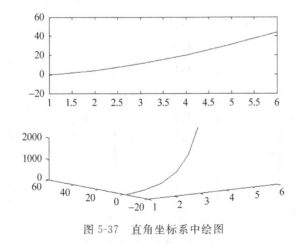

图 5-37 直角坐标系中绘图

```
%例 5-34
>>clf
>>x=[1 2 3 4 5 6];
```

```
>> y=x.^2+2*x-4;
>> z=x.^2+y.^2;
>> subplot(2,1,1);plot(x,y);
>> subplot(2,1,2);plot3(x,y,z);
```

5.6.2 对数坐标系中绘图

函数命令：

loglog

semilogx

semilogy

调用格式：

loglog(x,y),loglog(x,y,mode),loglog(x1,y1,mode1,x2,y2,mode2,…),
semilogx(x,y), semilogx (x,y, mode),semilogx (x1,y1,mode1,x2,y2, mode2,…),
semilogy(x,y), semilogy (x,y, mode),semilogy (x1,y1,mode1,x2,y2, mode2,…)

函数功能：

loglog(x,y)绘制数据 xy 对应的图形，图中 xy 坐标均取对数。

loglog(x,y,mode)绘制方法同上，mode 为颜色、线型和点型的格式。

loglog(x1,y1,mode1,x2,y2,mode2,…)绘制方法同上，mode1、mode2 为不同的颜色、线型和点型的格式。

说明：semilogx 和 semilogy 与 loglog 命令的使用方法基本一致，只是分别取横坐标或是纵坐标为对数坐标。

例 5-35 在对数坐标系中绘图。已知 x=[1 2 3 4 5 6]，y=[6 5 4 3 2 1]，分别在双对数坐标系、半对数坐标系中绘制(x,y)对应的图形。运行结果如图 5-38 所示。

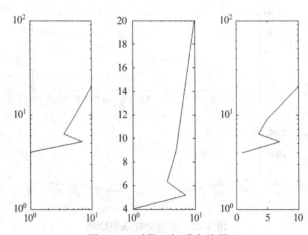

图 5-38 对数坐标系中绘图

```
%例 5-35
>> clf
```

```
>>x=[1.0 7.0 3.6 5.0 10.0];y=[4.0 5.2 6.3 9.0 20.0];
>>subplot(1,3,1);loglog(x,y);
>>subplot(1,3,2);semilogx(x,y);
>>subplot(1,3,3);semilogy(x,y);
```

5.6.3 极坐标系中绘图

1. 极坐标绘图函数 polar

函数命令：

polar

调用格式：

polar(theta,r),polar(theta,r,mode),
polar(theta1,r1,mode1,theta2,r2,mode2,…)

函数功能：

polar(theta,r)在极坐标中绘制参数 theta 和 r 对应的图形，其中 theta，r 分别为极径和角度(弧度值)。

polar(theta,r,mode)绘制方法同上，mode 为颜色、线型和点型的格式。

polar(theta1,r1,mode1,theta2,r2,mode2,…)绘制方法同上，mode1、mode2 等参数为不同的颜色、线型和点型的格式。

说明：使用命令[x,y]=pol2cart(theta,r)将极坐标系的数据点(theta,r)转化为直角坐标系的数据点(x,y)。经过数据转换后，命令 plot(x,y)和命令 polar(theta,r)的效果相同。

例 5-36 在极坐标系中用 polar 函数绘图。在极坐标系和直角坐标系中作出 a=4 时三叶玫瑰线 r=a*cos(3*theta)的图形。运行结果如图 5-39 所示。

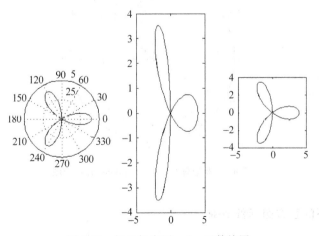

图 5-39 极坐标中用 polar 函数绘图

```
%例 5-36
>>clf
>>a=4;theta=(0:0.01:4)*pi;
>>r=a*cos(3*theta);
>>subplot(1,3,1);polar(theta,r);
>>[x,y]=pol2cart(theta,r);
>>subplot(1,3,2);plot(x,y);
>>subplot(1,3,3);plot(x,y);
>>axis square;
```

2. 向量场图绘图函数 compass

函数命令：
compass
调用格式：

compass(u,v)

函数功能：

绘制了极坐标下的向量场图。compass 函数接受的参数为直角坐标参数，但绘出的罗盘图中每个数据点被表示为在极坐标中的一条从原点出发的带箭头的线段。

例 5-37 在极坐标系中用 compass 绘图。运行结果如图 5-40 所示。

```
%例 5-37
>>clf
>>u=[1 2 3 4 5 6];v=[1 2 3 4 5 6];
>>compass(u,v);
```

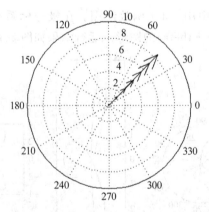

图 5-40 极坐标系中用 compass 函数绘图

3. 极坐标下的直方图函数 rose

函数命令：

rose

调用格式：

rose(theta),rose(theta,x)

函数功能：

rose(theta)绘制极坐标下的直方图，也称为玫瑰图。

rose(theta,x)绘制极坐标下的直方图，绘制向量 x 的各个元素值为统计范围，绘制 theta 参数的分布图。

例 5-38 在极坐标中用 rose 函数绘图。运行结果如图 5-41 所示。

```
%例 5-38
>>clf
>>theta=10*rand(1,50);
>>x=(1:50);
>>subplot(1,2,1);rose(theta);
>>subplot(1,2,2);rose(theta,x);
```

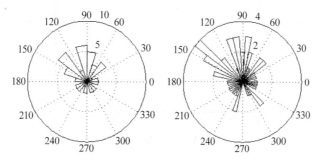

图 5-41 极坐标系中用 rose 函数绘图

5.6.4 双轴图

函数命令：

plotyy

调用格式：

[haxes,hline1,hline2]=plotyy(x1,y1,x2,y2,m1,m2)

函数功能：

[haxes,hline1,hline2]＝plotyy(x1,y1,x2,y2,m1,m2)分别以绘图函数 m1 和 m2 绘制数据 x1、y1 和 x2、y2 对应的图形；haxes 是坐标轴句柄，hline1 和 hline2 是曲线 1 和曲线 2 的句柄。

说明：用户可以通过返回值中的坐标轴句柄和曲线句柄对坐标轴和曲线进一步的设置其属性，得到满足要求的图形。

例 5-39 双轴图绘图。已知 x＝0:0.01:2*pi;y1＝sin(x);y2＝cos(x);将其双坐标轴 AX(1)和 AX(2)标题分别设置为"正弦函数"和"余弦函数"；将两根曲线 H1 和 H2 的颜色分别设置为红色和蓝色;将两根曲线 H1 和 H2 的线型分别设置为"－"和"＊"。运行结果如图 5-42 所示。

```
%例 5-39
>>clf
>>x=0:0.01:2*pi;y1=sin(x);y2=cos(x);
>>[AX,H1,H2]=plotyy(x,y1,x,y2,'plot');
>>set(get(AX(1),'Ylabel'),'string','正弦函数');
>>set(get(AX(2),'Ylabel'),'string','余弦函数');
>>set(H1,'Color','r');
>>set(H2,'Color','b');
>>set(H1,'LineStyle',':');
>>set(H2,'LineStyle','-.');
```

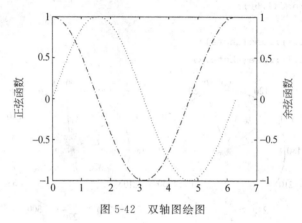

图 5-42 双轴图绘图

5.7 符号表达式绘图

MATLAB 中提供了 ezplot 函数和 fplot 函数可以将符号表达式进行图形显示。符号表达式绘图函数能够很好地将表达式绘图,使用户能够更好地理解表达式的含义。

5.7.1 ezplot 函数

函数命令:
ezplot
调用格式:
ezplot(f),ezplot(f,xmin,xmax),ezplot(f,[xmin,xmax],fig),

函数功能:
ezplot(f)绘制符号表达式 f,只有一个符号变量,默认是 x,默认情况下 x 轴的绘图区域为[$-2*pi,2*pi$]。

ezplot(f,xmin,xmax)绘制符号表达式 f,指定 x 的绘图区域范围。

ezplot(f,[xmin,xmax],fig)绘制符号表达式 f,指定图形窗口 fig,而非当前图形窗口。

例 5-40 用 ezplot 函数进行符号表达式绘图。绘制函数 $x^2+2y^2-4=0$ 在 x 区间 $[-3,3]$, y 区间 $[-2,2]$ 上的图形。运行结果如图 5-43 所示。

```
%例题 5-40
>>clf
>>ezplot('x^2+2*y^2-4',[-3 3 -2 2]);
```

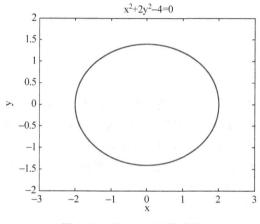

图 5-43 用 explot 函数绘图

例 5-41 用 ezplot 函数进行符号表达式绘图。运行结果如图 5-44 所示。

```
%例 5-41
>>subplot(2,2,1);
>>ezplot('x^2+y^2-9');axis equal
```

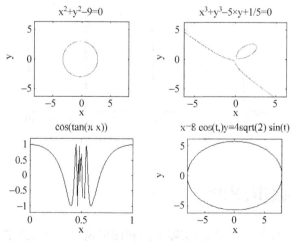

图 5-44 用 ezplot 函数绘图

```
>>subplot(2,2,2);
>>ezplot('x^3+y^3-5*x*y+1/5')
>>subplot(2,2,3);
>>ezplot('cos(tan(pi*x))',[0,1])
>>subplot(2,2,4);
>>ezplot('8*cos(t)','4*sqrt(2)*sin(t)',[0,2*pi])
```

5.7.2 fplot 函数

函数命令

fplot

调用格式：

fplot(func,lims)

函数功能：

fplot(func,lims)绘制符号表达式的图形，其中，func 就是函数符号表达式，符号变量只有一个，默认为 x 且对于向量 x 的每个元素，要求 func(x)必须返回一个行向量；lims=[xmin xmax ymin ymax]限定了 xy 轴上的绘图区域。

例 5-42 用 fplot 函数绘制符号表达式。绘制函数 $\tan(x)$ 在 x 区间 $[-10,10]$ 上的图形。运行结果如图 5-45 所示。

```
%例5-42
>>clf
>>fplot('tan(x)',[-10,10]);
```

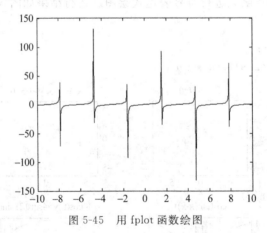

图 5-45 用 fplot 函数绘图

5.8 可视化编辑图形

在图形窗口中可视化编辑图形，实际上是在图形窗口中交互绘图。相关的图形制作命令，都可利用 MATLAB 的图形窗口交互完成操作。

MATLAB 的图形窗口分为 4 个部分:标题栏、菜单栏、工具栏和图形显示窗口。

(1) 标题栏

标题栏标示了该图形窗口的标题。该栏可以由用户自定义标题栏的名称。

(2) 菜单栏

菜单栏是图形窗口的主要部分,能够完成图形窗口设置的大部分功能。

(3) 工具栏

方便快捷地实现菜单项的某些常用功能。

(4) 图形显示窗口

此窗口为图形的主要显示区域。

例 5-43 在图形窗口中编辑 x^2+y^2−9=0 的图形。

```
%例 5-43
%%绘图步骤
%第一步:绘制 x^2+y^2-9=0 的图形
>>clf
>>ezplot('x^2+y^2-9');axis equal;
```

%第二步:在图形窗口中,单击 按钮,并在图形窗口中右击图形区域。在弹出的快捷菜单中选择 Show Property Editor 项。如图 5-46 所示。

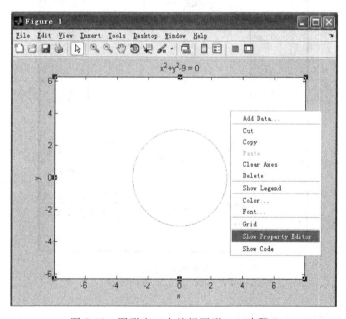

图 5-46 图形窗口中编辑图形——步骤 2

%第三步:在图形窗口中,设置图中圈所示的属性,并单击 More Property 按钮,弹出 Inspector: figure 属性窗口,并继续设置图中圈所示的属性。如图 5-47 所示。

%第四步:在图形窗口中,单击坐标轴和图形后,在图形窗口中和 Inspector: figure 属性窗口中继续设置属性,直至满足要求。如图 5-48 所示。

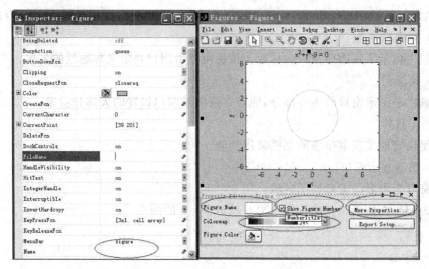

图 5-47　图形窗口绘图——步骤 3

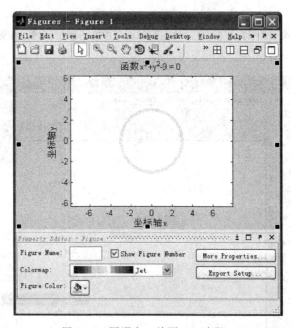

图 5-48　图形窗口绘图——步骤 4

5.9　工作空间中绘图

MATLAB 提供了可以直接根据工作空间中的数据直接绘图的简单绘图方法,这种方法简单易学,方便快捷。

基本方法:在工作空间中,首先选中要绘制图形的数据变量,看到变量变成蓝色后,单击工作空间中的绘图下拉图标,并选择图形的类型就可以绘制出图形了。可以选择的绘图类别包括 plot、bar、stem、stairs、area、pie、hist 和其他类型图形等,如图 5-49 所示。

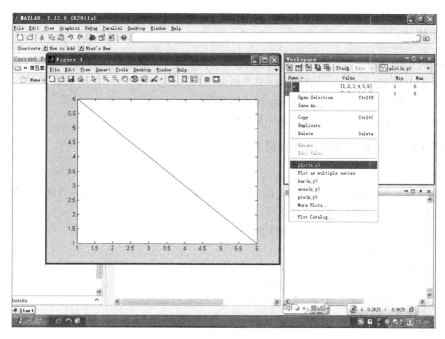

图 5-49　工作空间中绘图

如果绘制的是多变量数据的图形,只需将所选数据全部选中后,再单击工作空间红的绘图下拉图标,再选择所绘制图形的类型就可以绘制图形了。

5.10　声音和动画

5.10.1　声音的处理

函数命令:
sound
调用格式:

sound(x),sound(x,f)

函数功能:
sound(x)函数将向量 x 的数据值传送至扬声器。
sound(x,f) 功能同上,f 为采样频率。
例 5-44　声音处理。以 10 000Hz 制作并播放曲线形式的声音。

```
%例 5-44
>>x=linspace(0,10000,20000);
>>sound(x);
>>sound(x,10000);
```

函数命令:

waveplay,wavread,wavrecord,wavwrite

调用格式:

waveplay(y,fs):   wav 格式播放音频文件。
wavread(filename):   读入 wav 格式的文件。
wavrecord():   录制 wav 格式的文件。
wavwrite():   写入 wav 格式的文件。

例 5-45 wav 相关命令处理音频文件。

```
%例 5-45
>>wavdata=wavread('exam5_45_LaLaSong.wav');        %wav 文件在当前文件夹
>>wavplay(wavdata,44100);
>>wavrec=wavrecord(10*Fs,44100,'int16');
>>wavplay(wavrec,44100);
>>wavwrite(wavdata,44100,'exam5_45_mywavfile')
>>wavplay('exam5_45_mywavfile',44100)
```

函数命令:
beep

调用格式:

beep,beep on/off

函数功能:
beep 函数是系统提供的声音函数,能发出特定的声音信息。
beep on/off 用于打开或者关闭 beep 声音。

例 5-46 几个系统特殊声音示例。

```
%例 5-46
>>beep          %发出 beep 声音
>>beep off
>>beep          %不能发出 beep 声音
>>beep on
>>beep          %可以发出 beep 声音
```

5.10.2 动画的处理

MATLAB 提供的动画处理函数包括制作动画和播放动画。分别使用 getframe 和 movie 来实现。

1. 制作动画函数

函数命令:
getframe

调用格式：

M=getframe,M=getframe(p),M=getframe(p,r)

函数功能：

getframe 函数可以获得当前图形窗口中的画面；M 是获得的矩阵数据；p 为图形对象句柄；r 是图形对象矩形区域，r=[left bottom width height]。

2. 播放动画函数

函数命令：
movie

调用格式：

movie(M,k)

函数功能：

movie(M,k)函数播放动画，M 为已有的动画数据；k 为重复播放的次数。

例 5-47 绘制并播放动画。绘制 $\cos(x)$ 在 x 区间 $[0,2*pi]$，y 区间 $[-1,1]$ 上的曲线延伸动画。并播放 2 次。运行结果如图 5-50 所示。

```
%例 5-47
s=0.2;t=0;
nframes=50;
for k=1:nframes
t=t+s;
x=0:0.01:t;
y=cos(x);
plot(x,y);
axis([0 2*pi -1 1]);
M(k)=getframe;
end
movie(M,2);
```

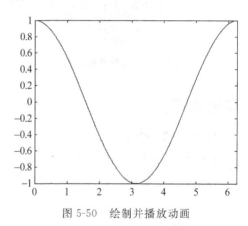

图 5-50 绘制并播放动画

5.11 高维数据可视化

MATLAB 中，高维数据可视化，一般是利用低维信息处理高维数据。比如经常使用颜色信息表达高维属性。MATLAB 提供了 slice 函数通过绘制切片图来表现高维数据。

函数命令：
slice

调用格式：

slice(V,sx,sy,sz)

函数功能：

slice(V,sx,sy,sz)绘制切片图。其中，V 为 m×n×p 的矩阵，默认对应的三维坐标为 X=1:n,Y=1:m,Z=1:p;sx,sy,sz 为 x、y、z 坐标轴方向的切片平面向量。

显示三位坐标所确定的图形在 x、y、z 三个轴方向上的若干点的切片图，其个点的坐标由 sx,sy 和 sz 确定。

例 5-48 高维数据可视化绘图。运行结果如图 5-51 所示。

```
%例 5-48
>>[x,y,z]=meshgrid(-2:.2:2, -2:.25:2,-2:.16:2);
>>v=x .* exp(-x.^2-y.^2-z.^2);
>>slice(x,y,z,v,[-1.2 .8 2],2,[-2 -.2])
```

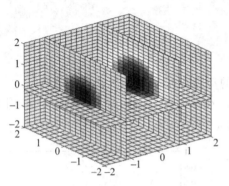
图 5-51 高维数据可视化绘图

图 5-52 绘制三原色

[实用技巧]

【技巧 5-1】 绘制三原色图。

例 5-49 绘制三原色。运行结果如图 5-52 所示。

```
%例 5-49
>>[x,y]=meshgrid(linspace(-2,2,200));
>>R=1.0;
>>r=zeros(size(x));
>>rind=find((x+0.4).^2+(y+0.4).^2<R^2);
>>r(rind)=1;
>>g=zeros(size(x));
>>gind=find((x-0.4).^2+(y+0.4).^2<R^2);
>>g(gind)=1;
>>b=zeros(size(x));
>>bind=find(x.^2+(y-0.4).^2<R^2);
>>b(bind)=1;
>>rgb=cat(3,r,g,b);
>>imagesc(rgb)
>>axis equal off
```

【技巧 5-2】 从图形文件中读入数据并处理该图形。

例 5-50　读入并处理图形文件。运行结果如图 5-53 所示。

```
%例 5-50
>>q=imread('图 5-3-vv.jpg');
>>image(q)
>>axis image off
>>q_original=q;
>>q(:,:,1)=0;
>>subplot(221)
>>image(q_original)
>>axis image off
>>subplot(222)
>>image(q)
>>axis image off
```

(a) 处理前　　　　　　　　(b) 处理后

图 5-53　图形文件中读取数据并处理

习题

1. 用 MATLAB 的绘图函数在同一个直角坐标系中绘制出 $\cos(x)$, $\cos(2x)$, $\cos(3x)$ 和 $\cos(4x)$ 在 x 区间 $[0,\mathrm{pi}]$ 的图形。

2. 用 MATLAB 的绘图函数绘制 $z = x - \cos(y)$ 在 x,y 区间 $[0, 2*\mathrm{pi}]$ 的图形。

第6章 用户图形界面设计

[教学目的]
- 了解 MATLAB 的 GUI 开发环境。
- 理解其原理,掌握 GUI 图形的编程方法。

[教学知识点]

MATLAB 的 GUI 开发环境、开发实例和接口控件。

[教学要求]

通过本章的学习,了解 MATLB 的 GUI 开发环境,理解用户图形界面程序的构造,掌握其编程方法。

[教学内容]

图形用户界面(Graphical user interface,GUI)是 MATLAB 中一个专用于 GUI 程序设计的向导设计器。它是由各种图形对象如图形窗口、坐标轴、菜单、按钮、文本框等构建的用户界面,是人机交互的有效工具和方法。通过 GUIDE 可以很方便地设计出各种符合要求的图形用户界面。用户通过一定的方法(如鼠标或键盘)选择、激活这些图形对象,使计算机产生某种动作或变化,例如实现计算、绘图等。

GUIDE 是一个界面设计工具集。MATLAB 将所有 GUI 支持的用户控件都集成在这个环境中,并提供了界面外观、属性和行为相应方式的设置方法。GUIDE 将用户保存设计好的图形用户界面保存在一个 FIG 资源文件中,同时自动生成包含图形用户界面初始化和组件界面布局控制代码的 M 文件,这个 M 文件为实现回调函数的编写提供了一个参考框架。FIG 文件是一个二进制文件,包含系列化的图形窗口对象。所有对象的属性都是用户创建图形窗口时保存的属性。该文件最主要的功能是对象句柄的保存。M 文件包含 GUI 设计、控制函数及控件的回调函数,主要用来控制 GUI 展开时的各种特征。

MATLAB 为表现其基本功能设计了很多演示程序 demo,它们是学习图形界面很好的范例。MATLAB 用户在指令窗口中运行 demo 打开图形界面后,只要用鼠标选择,就可浏览丰富多彩的内容了。

6.1　可视化界面环境

MATLAB 提供了一个可视化的图形界面开发环境 Guide(Graphical User Interface Development Environment)。其功能类似微软开发的 Visual Basic,使用它不需要很多专门的预备知识。

在 MATLAB 中,用户要打开一个新的图形界面开发环境,可以选择 MATLAB 窗口中的 File/New 菜单下的 GUI 子菜单,也可以在 MATLAB 命令窗口中输入 guide 命令,都可以得到图 6-1 所示的 GUI 设计模板,按照默认选项就可以打开用户界面开发环境,如图 6-2 所示。

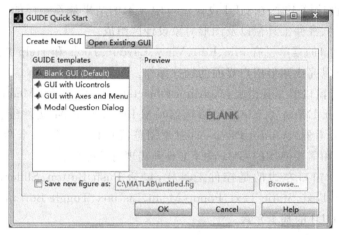

图 6-1　GUIDE 快速启动界面

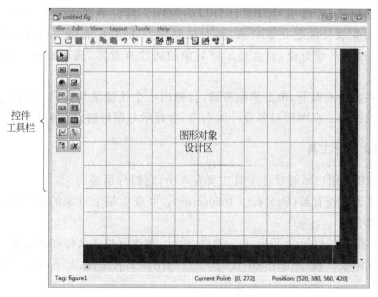

图 6-2　用户界面开发环境

1. GUI 设计模板

图 6-1 是图形用户界面的设计模板。MATLAB 为 GUI 设计一共准备了 4 种模板，分别是 Blank GUI(默认)、GUI with Uicontrols(带控件对象的 GUI 模板)、GUI with Axes and Menu(带坐标轴与菜单的 GUI 模板)与 Modal Question Dialog(带模式问话对话框的 GUI 模板)。当用户选择不同的模板时，在 GUI 设计模板界面的右边就会显示出与该模板对应的 GUI 图形。

2. GUI 设计窗口

在 GUI 设计模板中选中一个模板，然后单击 OK 按钮，就会显示 GUI 设计窗口。选择不同的 GUI 设计模式时，在 GUI 设计窗口中显示的结果是不一样的。GUI 设计窗口由菜单栏、工具栏、控件工具栏以及图形对象设计区组成。

GUI 设计窗口的菜单栏有 File、Edit、View、Layout、Tools 和 Help 共 6 个菜单项，使用其中的命令可以完成图形用户界面的设计操作。

在 GUI 设计窗口的工具栏上，有 Align Objects(位置调整器)、Menu Editor(菜单编辑器)、Tab Order Editor (Tab 顺序编辑器)、M-file Editor(M 文件编辑器)、Property Inspector(属性查看器)、Object Browser(对象浏览器)和 Run 等 16 个命令按钮，通过它们可以方便地调用需要使用的 GUI 设计工具和实现有关操作。

在 GUI 设计窗口左边的是控件工具栏，包括 Push Button、Slider、Radio Button、Check Box、Edit Text、Static Text、Popup Menu、Listbox、Toggle Button、Axes 等控件对象，它们是构成 GUI 的基本元素。

3. GUI 设计窗口的基本操作

为了添加控件，可以从 GUI 设计窗口的控件工具栏中选择一个对象，然后以拖曳方式在图形对象设计区建立该对象，其对象创建方式方便、简单。在 GUI 设计窗口创建对象后，通过双击该对象，就会显示该对象的属性查看器，通过它可以设置该对象的属性值。

在选中对象的前提下，单击鼠标右键，会弹出一个快捷菜单，可以从中选择某个子菜单进行相应的操作。在图形对象设计区右击，会显示与图形窗口有关的快捷菜单。

4. 可视化设计工具

MATLAB 的用户界面设计工具主要有 5 个，它们分别是：

(1) 对象属性查看器(Property Inspector)：可查看每个对象的属性值，也可修改设置对象的属性值。

(2) 菜单编辑器(Menu Editor)：创建、设计、修改下拉式菜单和快捷菜单。

(3) 位置调整工具(Alignment Tool)：可利用该工具左右、上下对多个对象的位置进行调整。

(4) 对象浏览器(Object Browser)：可观察当前设计阶段的各个句柄图形对象。

(5) Tab 顺序编辑器(Tab Order Editor)：通过该工具，设置当按下键盘上的 Tab 键时，对象被选中的先后顺序。

6.2 句柄图形

MATLAB 提供了一些用户创建及操作线、面、文字、图像等基本图形对象的低级函数。这些命令可以对图形基本对象进行更为细致的修饰和控制。低级函数不但可以产生复杂的图形，而且为动态图形提供了基础。MATLAB 的这个系统称为句柄图形(Handle Graphics)。

6.2.1 图形窗口对象

在句柄图形中，所有的图形操作都是针对图形对象而言的。所谓图形对象是指图形系统中最基本、最底层的图元，如图形(Figure)、菜单(Menu)、线(Line)、坐标轴(Axes)、文本(Text)等。在 MATLAB 的图形窗口中，任何部分都是带句柄的图形对象。每个图形对象都有自己的句柄。通过句柄可以获取和设置所指代对象的属性。

在 MATLAB 的图形对象(Figure)下主要有三种对象：控件对象、下拉菜单对象和内容菜单对象。控件对象包括各种常见控件，如按钮、列表框、编辑框等；下拉菜单对象主要是各种菜单和子菜单；内容菜单主要是内容式菜单，如弹出式菜单等。

6.2.2 图形窗口属性

所有图形窗口对象都有属性，用户可根据具体情况改变其属性。除了一些共性的属性，如类型、是否可见、名字属性、TAG 属性等，每个图形对象还有自己的特性，如坐标轴具有"轴"的刻度等。图形窗口对象的属性可以通过 Tools/Property Inspector 菜单项打开属性设置对话框，从中设置图形窗口对象的表现方式等。也可以通过程序脚本实现，例如若知道某个图形窗口对象的句柄为 h，则可以通过 get(h)或者 set(h)获得可取得或可设置的属性列表，同样也可通过 get()和 set()函数获得和修改属性的值。

图形窗口对象的常用属性包括 Color 属性、Name 属性、Position 属性、Visible 属性、Tag 属性、String 属性和回调函数等。这里着重介绍回调函数。回调函数(Callback Function)是指该对象指定的事件或者消息发生时，系统会自动调用对应的函数。在当前流行的图形界面程序中都会使用事件驱动或者消息驱动的程序设计思想。在事件驱动的程序结构中，程序的控制流程不再由事件的预定发生顺序来决定，而是由实际运行时各种事件的实际发生来发生。事件的发生可能是随机的、不确定的，没有预定的顺序。在用户对某一对象选中、单击或者双击后，将执行相应的函数。只要在相应的函数中加入代码，就可以完成复杂的图形界面设计功能。

下面列举一下常用的回调函数：

(1) Callback：在对象被选中时执行的函数。

(2) ButtonDownFcn：单击按钮所执行的函数。

(3) KeyPressFcn：在键盘按下时执行的函数。

（4）ResizeFcn：图形窗口大小改变时执行的函数。

（5）WindowButtonDownFcn：在图形窗口中单击鼠标时调用的函数。

（6）WindowButtonMotionFcn：在图形窗口中移动鼠标时调用的函数。

6.3 常用控件

图形界面设计与控件是密不可分的，为此，MATLAB 提供了一些常用控件，如静态文本、编辑控件等，通过它们能够实现大部分用户输入界面设计的需求。

6.3.1 常用控件介绍

控件是独立的小控件，实际上也是一个窗口，在与用户交互的过程中担任主要的角色，如显示文本、命令按钮、滚动条等。控件的外观和功能是由其属性（Property）决定的。在编辑界面对话框时，对准某个控件右击或者双击可调出其属性设置对话框。不同的控件，属性不完全相同。本节介绍几个常用的控件。

（1）静态文件（Static Text）：用于显示字符串，不接受输入信息，多用于显示提示信息。

（2）编辑框（Edit Text）：最常用的控件之一，可接受单行或者多行的文本，可编辑，类似于一个小型的文本编辑器。

（3）列表框（List Box）：显示一个文字列表，用户可从中选择一项或者多项。若选项太多，可通过垂直滚动条来控制。

（4）滚动条（Slider）：可以用图示的方式在一个范围内输入一个数量的值。用户可通过移动滚动条之间的游标来改变所对应的值。

（5）按钮（Push Button）：对话框中常用的控件，用于响应用户的鼠标按键等操作，在按钮上通常由字符来说明其作用，如 OK 按钮、Cancel 按钮等。若单击一个按钮，则称此按钮为选中状态。

（6）开关按钮（Toggle Button）：该按钮有两种状态，一个是按下状态，一个是弹起状态。单击该按钮可更改其状态。

（7）单选按钮：是一组带有文字提示的选择项。单选按钮总是成组使用的，在这组中通常只有一个选项被选中。若用户单击了其中一个，则称这一按钮被选中，被选中的按钮的圆的中心有个实心的黑点，而原来被选中的不再处于被选中的状态，这种关系称为按钮的互斥。在 MATLAB 的默认情况下不具备这样的互斥功能，这需要用程序来控制。另外，可通过结合按钮组 Button Group 控件来实现。

（8）检查框（Check Box）：用作选择标记，有选中、不选中和不确定三种状态。检查框按钮的作用类似单选按钮，它也是一组多选项，所不同的是，检查框一次可以选择多项。

（9）弹出式菜单（Popup Menu）：选中时可弹出一个列表框，用户可从中选择合适的项执行。

（10）坐标轴（Axes）：是用来绘图的容器。

6.3.2 常用控件的属性

每一个控件都有自己的属性,下面简单介绍一下它们的常规属性。

1. 控件风格和外观属性

(1) BackgroundColor:设置控件背景颜色,使用[R G B]或颜色定义。

(2) CData:在控件上显示的真彩色图像,使用矩阵表示。

(3) ForegroundColor:文本颜色。

(4) String:控件上的文本,以及列表框和弹出菜单的选项。

(5) Visible:控件是否可见。

2. 对象的常规信息

(1) Enable:表示此控件的使能状态,设置为 On,表示可选,为 Off 时则表示不可选。

(2) Style:控件对象类型。

(3) Tag:控件表示,用来唯一表示该控件。

(4) TooltipString:提示信息显示。当鼠标指针位于此控件上时,显示提示信息。

(5) UserData:用户指定数据。

(6) Position:控件对象的尺寸和位置。

(7) Units:设置控件的位置及大小的单位。

(8) 有关字体的属性,如 FontAngle,FontName 等。

3. 控件回调函数的执行

(1) BusyAction:处理回调函数的中断。有两种选项:Cancel 为取消中断事件,queue 为排队(默认设置)。

(2) ButtonDownFcn:按钮按下时的处理函数。

(3) CallBack:是连接程序界面整个程序系统的实质性功能的纽带。该属性值应该为一个可以直接求值的字符串,在该对象被选中和改变时,系统将自动地对字符串进行求值。

(4) CreateFcn:在对象产生过程中执行的回调函数。

(5) DeleteFcn:删除对象过程中执行的回调函数。

(6) Interruptible:指定当前的回调函数在执行时是否允许中断,去执行其他的函数。

4. 控件当前状态信息

(1) ListboxTop:在列表框中显示的最顶层的字符串的索引。

(2) Max:最大值。

(3) Min:最小值。

(4) Value:控件的当前值。

6.3.3 获取与设置对象属性

除了利用对象属性查看器(Property Inspector)来获取与设置对象属性外,也可以通过程序设计或者在命令窗口中调用相应的函数来实现。在具体介绍之前,这里首先介绍几个常用的函数,如表 6-1 所示,通过它们可以获取图形对象或者与之关联句柄,然后通过句柄就可以通过 get()函数或者 set()函数分别获取或者设置对象的属性。

表 6-1 获取图形对象或其句柄的常用函数

序号	函数	功能
1	gcf	获得当前图形窗口的句柄
2	gca	获得当前坐标轴的句柄
3	gco	获得当前对象的句柄
4	gcbo	获得当前正在执行调用的对象的句柄
5	gcbf	获取包括正在执行调用的对象的图形句柄
6	delete	删除句柄所对应的图形对象
7	findobj	寻找对象

(1) 获取指定对象的属性一览。获取的方法是使用函数 get(h),h 是图形对象的句柄。图 6-3 就是通过 get(h)来获取 figure 对象的属性一览。

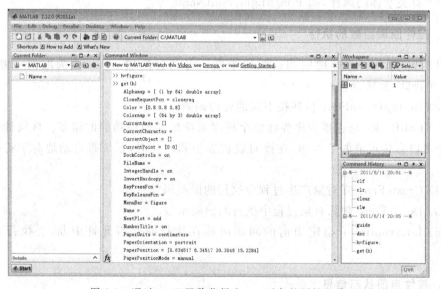

图 6-3 通过 get()函数获得 figure 对象的属性一览

(2) 获取指定对象的特定属性的当前值。例如:

p=get(h,'Position');

其中 h 为某个图形对象的句柄,该函数的功能是获取对象 h 的 Position 属性,赋值给 p。

(3) 获取指定对象可设置的属性一览。获取的方式是通过函数 set(h) 来实现,h 是图形对象的句柄。图 6-4 就是通过 set() 函数实现获取可设置的属性一览。

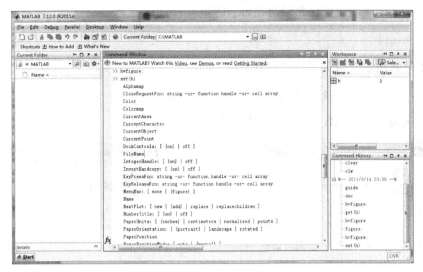

图 6-4 通过 set() 函数获取可设置的属性一览

(4) 函数 set 改变句柄图形对象属性,例如:

set(h,'Position',vect);

可以设置 h 所代表图形对象的 Position 属性。

6.4 常用对话框

1. 消息对话框

使用 msgbox 函数产生消息对话框。它不接受用户的任何输入,在单击 OK 按钮后,对话框自动关闭,然后返回程序中继续执行。例如:

>>msgbox('欢迎使用 MATLAB')

建立一个没有标题的消息对话框,如图 6-5 所示。

>>msgbox('欢迎使用 MATLAB','MATALB','warn')

建立一个有标题的消息对话框,如图 6-6 所示。

图 6-5 没有标题的消息对话框

图 6-6 有标题的警告消息对话框

2. 错误对话框

使用 errordlg 函数产生错误对话框。例如：

```
>>errordlg
```

建立一个默认参数的错误对话框，如图 6-7 所示。

```
>>errordlg('这是一个错误对话框','MATLAB error')
```

建立一个名为 MATLAB error 的错误对话框，如图 6-8 所示。

 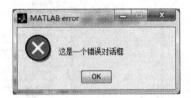

图 6-7 默认参数下的错误对话框　　　　　图 6-8 含有标题的错误对话框

3. 警告对话框

使用 warndlg 函数产生警告对话框。例如：

```
>>warndlg
```

建立一个默认参数的警告对话框，如图 6-9 所示。

```
>>warndlg('这是一个警告对话框','MATLAB warning')
```

建立如图 6-10 所示的含有标题的警告对话框。

图 6-9 默认警告对话框　　　　　图 6-10 含有标题的警告对话框

4. 帮助对话框

使用 helpdlg 函数可产生帮助对话框。例如：

```
>>helpdlg('你需要帮助吗？','MATLAB Help')
```

产生如图 6-11 所示的帮助对话框。

图 6-11 帮助对话框

5. 进度条设置对话框

使用 waitbar 函数可产生进度条，作用是反映程序运行的进展情况。例如下面的程序产生如所图 6-12 示的效果。

```
h=waitbar(0,'请稍等......')
for i=1:10000
    waitbar(i/10000)
end
```

图 6-12 进度条

6．输入对话框

使用 inputdlg 函数可产生输入对话框，例如：

```
prompt={'输入梯形的上底：','输入梯形的下底','输入梯形的高'};   %设置提示字符串
name='Enter trapeaia Data';                                    %设置标题
numlines=1;                                                    %指定输入数据的行数
defAns={'20','50','40'};                                       %设定默认值
Resize='on';                                                   %设定对话框尺寸可调节
answer=inputdlg(prompt,name,numlines,defAns,'on')
```

创建的输入对话框如图 6-13 所示。

7．列表对话框

可使用 listdlg 函数产生列表对话框。例如：

```
p=path(path,'C:\MATLAB');                                      %设置路径,若为当前目录,可以省略这一步
d=dir('C:\MATLAB');                                            %获取指针,若为当前目录,则 d=dir
str={d.name};                                                  %获取目录内的文件名
[sel,ok]=listdlg('Liststring',str,'PromptString','请选择文件 ','SelectionMode',
'Multiple')
```

可产生如图 6-14 所示的列表对话框。

图 6-13 输入对话框

图 6-14 列表对话框

文件选择成功后，单击 OK 按钮，系统将选择好的文件序号存入相应向量 sel，参数 ok 的值为 1。

8．问题对话框

使用 questdlg 函数可产生问题对话框。主要功能为提出一个问题，等待用户回答。默认情况下的回答按钮有三个：Yes、No 和 Cancel。当用户单击任何一个按钮时，系统将该按钮名保存在一个变量（ButtonName）中。如果用户关闭对话框，则系统将 ButtonName 置为空。

例如下面的语句可产生如图 6-15 所示的问题对话框。

```
>>ButtonName=questdlg('你准备好了吗?','MATLAB quest','Yes','No','Cancel','Yes')
```

9．路径选择对话框

使用 uigedir 函数可产生路径选择对话框，用于用户查找和选择路径。

例如：

```
>>directoryname=uigetdir('C:\MATLAB','浏览文件夹')
```

可产生如图 6-16 所示的路径选择对话框。

图 6-15　问题对话框　　　　　图 6-16　路径选择对话框

10．选择文件对话框

在 MATLAB 中使用 uigetfile 函数打开一个对话框，其格式为

```
[fnname,pname,filtername]=uigetfile(ffilter,strTitle,x,y)
```

其中，ffilter 为文件名过滤器。例如，若要打开 *.m 文件，只需在对话框文件类型中选择默认显示 *.m 文件选项。若想设置多种默认文件格式，可以用分号分割各种后缀名。strTitle 为字符串类型，用来指定对话框标题栏的内容；x，y 为该对话框出现的位置，一般省略。fname、pname 和 filtername 分别为选定文件的文件名、该文件所在的路径和后

缀名。

例如执行下面的 MATLAB 语句：

>>[fn,pn]=uigetfile('*.m','select a M-file')

就会打开一个如图 6-17 所示的对话框，如果从中选择了 TEST01.m 文件，将返回：

fname=TEST01.m

pname=D:\Matlab\work\

如果单击了"取消"按钮，则将返回空的 fname 和 pname 变量。

图 6-17　只可打开 M 文件的对话框

下面略为复杂的 MATLAB 语句执行后，可以打开一个选择多种文件的对话框，如图 6-18 所示。

```
[fn,pn,fi]=uigetfile(...
    {'*.m;*.fig;*.mat;','All MATLAB File(*.m,*.fig,*.mat,*.mdl)';
    '*.m','M-file(*.m)';'*.fig','Figure(*.fig)';...
    '*.mat','MAT-flie(*.mat)';'*.mdl','Models(*.mdl)';...
    '*.*','All Flies(*.*)'},...
    'Pick a file')          %打开一个选择多种文件的对话框，并选择一个文件
```

11. 文件保存对话框

可利用 uiputfile 函数来生成一个保存文件的对话框，使用方法类似 uigetfile 函数。
例如下面的语句可用于弹出保存对话框来保存文件。

①

>>[fn,pn,fi]=uiputfile('*.m','Save selected a M-file')

以上语句建立只保存 M 文件的对话框，如图 6-19 所示。

图 6-18 可打开选择多种文件的对话框

图 6-19 只保存 M 文件的对话框

②

```
[fn,pn,fi]=uiputfile(...
{'*.m;*.fig;*.mat;','All MATLAB File(*.m,*.fig,*.mat,*.mdl)';
 '*.m','M-file(*.m)'; '*.fig','Figure(*.fig)';...
 '*.mat','MAT-flie(*.mat)'; '*.mdl','Models(*.mdl)';...
 '*.*','All Flies(*.*)'},...
 'Save a file')
```

以上语句建立可保存多种形式文件的对话框,如图 6-20 所示。

图 6-20　可保存多种类型文件的对话框

12．页面设置对话框

可使用 pagesetupdlg 函数产生页面设置对话框，用来设置页面的各种属性、参数。
调用格式为：

```
dlg=pagesetupdlg(fig)
```

该命令创建一个页面设置对话框，在该对话框中用户可以设置页面的各种属性和参数。该命令只支持单一图形窗口的页面设置，参数 fig 也必须是单一的图形句柄，不可以是图形句柄向量或 simulink 图。

例如，下面的程序可产生页面设置对话框，如图 6-21 所示。

```
>>fig=figure;
>>dlg=pagesetupdlg(fig)
```

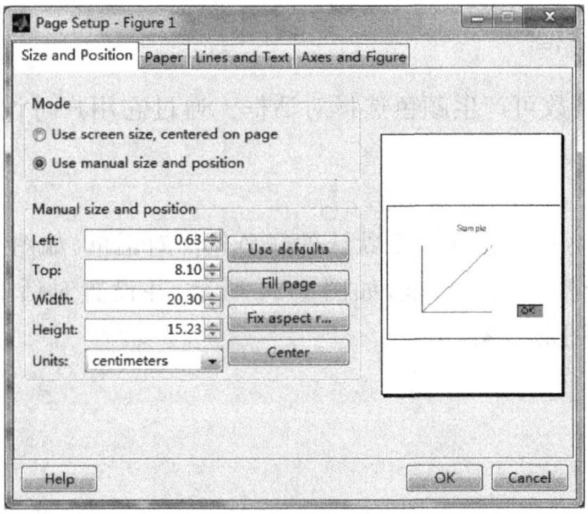

图 6-21　页面设置对话框

13. 打印设置对话框

使用 printdlg 函数可产生打印设置对话框。通过它，用户可以对各种打印参数进行设置。

例如，下面的程序画出余弦曲线后，通过 printdlg 函数可打开打印对话框，如图 6-22 所示。

```
x=[-pi:0.02:pi];y=cos(x);
fig=figure;plot(x,y);
printdlg(fig);                    %打开 Windows 打印对话框
```

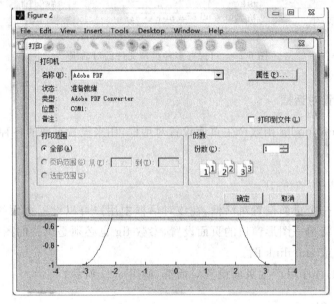

图 6-22 打印设置对话框

14. 颜色设置对话框

使用 uisetcolor 函数可产生颜色选择对话框。通过它用户可设置图形的前景色或背景色。

例如：

① >>c=uisetcolor%建立一个默认的颜色选择对话框，如图 6-23 所示。

② 建立选择一个颜色的对话框，如图 6-24 所示，并设置对话框的初始颜色，然后选择一种颜色用于一个图形对象。

```
x=[0:0.02:2*pi];
y=sin(x);
h=figure;
plot(x,y);
c=uisetcolor(h,'select color')
```

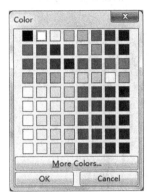
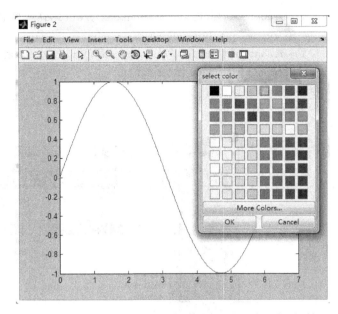

图 6-23　默认的颜色选择对话框　　图 6-24　指定标题,并设定指定图形窗口的颜色选择对话框

15. 字体设置对话框

使用 uisetfont 函数产生字体设置对话框。通过它用户可设置或修改文本字体、坐标轴或设置控件对象的显示文本的字体属性。

例如：

① >>s=uisetfont 可建立一个默认字体设置对话框,并设置一种字体,如图 6-25 所示。

② 以下程序可以对控件中的字体进行设置,如图 6-26 所示。

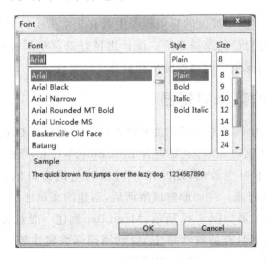

图 6-25　默认字体选择框

```
T1=uicontrol('style','pushbutton','string','确定',...
    'position',[200 320 60 20]);            %创建一个按钮
T2=uicontrol('style','pushbutton','string','取消',...
    'position',[200 220 60 20]);            %创建一个按钮
s=uisetfont(T1)                             %打开字体设置对话框
set(T2,s)                                   %将T1的设置复制到T2
```

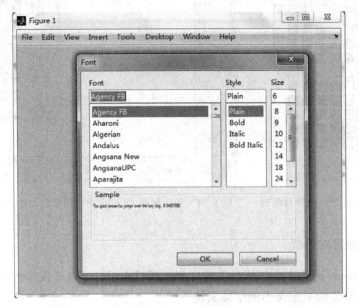

图 6-26　字体设置对话框

6.5　菜单

菜单(Menu)在用户图形界面的应用程序中具有非常重要的地位。在 Windows 环境中几乎所有的程序都有自己的菜单系统。设计出良好的菜单系统和对话框，可以使用户在几乎没有说明书的情况下也能很好地应用程序。

6.5.1　GUIDE 的菜单编辑器

利用 GUIDE 的菜单编辑器可以增加和修改用户创建的下拉式菜单和右键菜单。图形窗口在创建时会默认创建菜单，主要包含 File、Edit、Window 和 Help 等菜单项。图形窗口中的原有菜单是不可更改的，用户唯一可做的是把窗口的属性 MenuBar 设置为 None，把这些菜单隐藏起来。在图形窗口激活后，新建的菜单才显示回来。

GUIDE 的菜单编辑器如图 6-27 所示，Menu Bar 创建一般意义上的菜单，而 Context Menus 创建右键菜单，都具有的属性是 TAG 和回调函数属性等。右键菜单可通过图形窗口的属性查看器中 UIContextMenu 来设置。

一般菜单项主要包含几个属性：

(1) 菜单项的标签(Label)：指明菜单项的名称。也可以在名称中使用 & 标志，以表示该符号后面的字符显示时有一个下划线，这使得用户可使用键盘来激活相应的菜单项。

(2) 标记(TAG)：该菜单项在程序中的唯一表示。

(3) 加速器(Accelerator)：指定快捷键。

(4) 分界符(Separator)：指定该选项，可使得该菜单项的上面加一个分界符，即一条线。

回调函数 Callback：通过它，使得在菜单项被选中后，MATLAB 将自动调用与此对应的回调函数，默认函数名字为指定的 TAG_Callback，如 m_file_open_Callback。

图 6-27　菜单实例

6.5.2　全程序代码实现菜单

1. 创建主菜单

首先创建一个不含菜单项的图形窗口，然后通过 himenu 函数实现菜单项的创建，其中还设置各个菜单项的回调函数，菜单项 New Figure 创建一个新的图形窗口，Save 保存图形窗口，Quit 实现图形窗口的退出。

下面的 MATLAB 程序可产生如图 6-28 所示的菜单。

```
fh=figure('MenuBar','None');
mh=uimenu(fh,'Label','Workspace');
uimenu(mh,'Label','New Figure','Callback','figure');
uimenu(mh,'Label','Save','Callback','save');
uimenu(mh,'Label','Quit','Callback','delete(gcf)',...
       'Separator','on','Accelerator','Q');
```

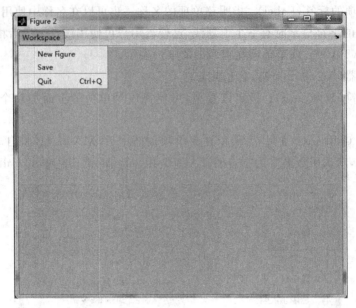

图 6-28 主菜单的创建

2. 右键菜单

通过程序设计也可直接创建右键菜单。

下面的程序,可产生如图 6-29 所示的右键菜单,实现三种线型的显示:实线、点划线和虚线。

```
The menu items enable you to change the line style.
%Create axes and save handle
hax=axes;
%Plot three lines
hline=plot(rand(1,20));
%Define a context menu; it is not attached to anything
hcmenu=uicontextmenu;
%Define callbacks for context menu items that change linestyle
hcb1=['set(gco,''LineStyle'',''--'')'];
hcb2=['set(gco,''LineStyle'','':'')'];
hcb3=['set(gco,''LineStyle'',''-'')'];
%Define the context menu items and install their callbacks
item1=uimenu(hcmenu,'Label','dashed','Callback',hcb1);
item2=uimenu(hcmenu,'Label','dotted','Callback',hcb2);
item3=uimenu(hcmenu,'Label','solid', 'Callback',hcb3);
%Attach the context menu to each line
set(hline,'uicontextmenu',hcmenu)
```

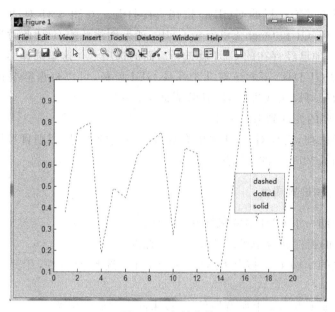

图 6-29　右键菜单

6.6　GUI 程序实例

下面通过一个实例实现一个加法器，如图 6-30 所示。下面具体介绍如何进行 GUI 编程。

1. 打开和创建 GUI 界面

（1）在 Command Window 中输入 guide 并按 Enter 键，就可以打开如图 6-31 所示的对话框。

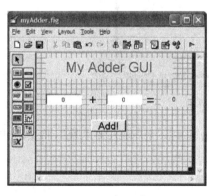

图 6-30　加法器

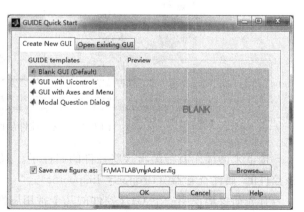

图 6-31　GUIDE 快速开始对话框

当然也可以通过工具栏的 GUIDE 按钮直接打开。在图 6-31 对话框上有两个选项卡，即 Creat New GUI 和 Open Existing GUI。如果创建新的 GUI 此时选择第一个选项卡，但如果打开其他已经存在的 GUI 就选择后面的选项卡。这里选择第一个选项卡中的 Blank GUI（空白 GUI）项，下面还有几个系统 GUI 模板，可以根据需要选择其他的。然后单击 OK 按钮就可以正式进入 GUIDE 界面了。

（2）添加需要的控件到 figure 中。

在添加控件之前，需要对 GUI 界面布局进行一定的构思，否则盲目性太大不利于编程。可根据如图 6-30 所示的布局进行设计。

2. 添加控件和设置属性

这里首先介绍一下 GUI 中的鼠标基本操作：

（1）在左边的控件面板中可以选择需要的控件。

（2）在右边的 figure 中按住鼠标左键，画出所选择的控件，于是控件就在 figure 上了。

（3）用鼠标拖曳 figure 上所有控件，可以来改变它们的位置。

（4）在控件上双击（右击是快捷菜单）可打开控件的属性面板。

从图 6-30 的布局构思来看，本 GUI 界面需要以下控件：两个"编辑文本框"（Edit Text），4个"静态文本框"（Static Text）和一个"确定按钮"（Pushbutton）。根据上面介绍的鼠标操作方法，将这 6 个控件拖到右边的 figure 中，如图 6-32 所示。

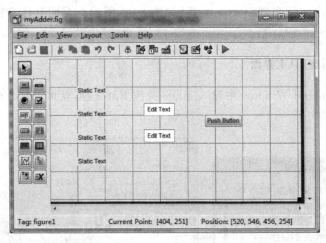

图 6-32 拖入控件后的界面

接下来的操作就是编辑这些控件的属性了。双击其中一个"静态文本块"，将会跳出该控件的"属性查看器"（Property Inspector）。

首先简要地说明一下 GUI 控件的几个常用属性：

（1）Position：控件在 figure 中的位置。

（2）Font：字体相关的属性。

（3）String：类似 VB 中的 Caption，就是显示在控件上的文字。

(4) Tag：控件的唯一标识符，通过它可以设置或者取得控件的属性。

然后，设置 4 个静态文本框的属性，如表 6-2 所示。

表 6-2　静态文本框的属性

	String 属性	Font 属性	Tag 属性
第一个静态文本框	+	20	
第二个静态文本框	=	20	
第三个静态文本框	My Adder GUI	20	
第四个静态文本框	0	20	plus_statictext

下面双击 Edit Text 和 Pushbutton，修改它们的属性，如表 6-3 所示。

表 6-3　编辑框和按钮的属性

	String 属性	Font 属性	Tag 属性
第一个编辑文本框	0	20	input1_edittext
第二个编辑文本框	0	20	input2_edittext
Pushbutton 按钮	Add	20	add_pushbutton

重新布局和移动控件位置，使其美观，如图 6-33 所示。

保存上面的操作，此时在当前目录下，MATLAB 将自动生成如下两个文件：myAdder.m 和 myAdder.fig。其中 fig 文件包含了程序的图形用户界面，M 文中包含了 GUI 所需的回调函数和其他必需代码。

3. 书写 GUI 回调函数（callback）代码

在保存 GUI 程序时，Matlab 会自动生成 fig 和 M 文件，其中的 m 是要操作的对象，在该文件中追加控件的回调函数实现各种操作。这是 GUI 编程的核心内容，它要求你必须掌握 MATLAB 基本编程以及图形句柄语句。

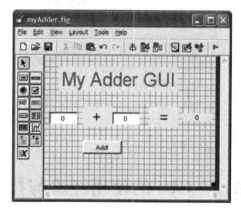

图 6-33　加法器的 GUI

可使用 Matlab Editor（代码编辑器）工具栏显示函数按钮，如图 6-34 中方框围住的按钮，可以快速跳转到相应的函数位置，然后进行直接编辑就可以了。

图 6-34　工具栏中的函数按钮

(1) 为 input1_editText_Callback 添加如下 MATLAB 代码:

```
1. %handles 包含 figure 中所有图形对象句柄的结构体,如果我们想引用 tag 为 mytag 的控
   件,使用 handles.mytag
2. %set/get 函数用来设置/获取某个控件属性
3. %使用 get 命令获取第一个加数,并将它转换成数值
4. input=str2num(get(hObject,'String'));   %string 属性是字符串,所以必须转换成数值
5.
6. %检验输入是否为空,是则将它置为 0
7. if (isempty(input))
8.     set(hObject,'String','0')
9. end
10.
11. %保存 handles 结构体,只要在 handles 结构体有改变时,才需要保存
12. guidata(hObject, handles);   %由于 handles 没有改变,故这里其实没有必要,但是为了
                                 避免潜在的不必要麻烦,建议在所有 Callback 最后都添
                                 加该命令
```

(2) 为 input2_editText_Callback 添加完全相同的代码。

(3) 编辑 add_pushbutton_Callback 回调函数,添加如下的代码:

```
1. a=get(handles.input1_editText,'String');
2. b=get(handles.input2_editText,'String');
3. %a 和 b 是字符串变量,需要使用 str2double 函数将其转换为数值
4. %然后才能相加,否则字符串是没法相加的
5. total=str2num(a)+str2num(b);              %格式转换,转换为数值
6. %由于 string 属性是字符串,所以必须将两个数的和转换为字符串
7. c=num2str(total);                         %转换为字符串
8. %将结果赋值给 answer_staticText 空间的 string 属性,于是就可以显示结果了
9. set(handles.answer_staticText,'String',c);
10. guidata(hObject, handles);               %更新结构体
```

(4) 保存并运行。

6.7 GUI 的使用经验与技巧

GUI 是实现人机交互的中介,它具有强大的功能,可以完成许多复杂的程序模块。想熟练快捷地使用它,需要具有一定的知识储备和必要的经验技巧。

关于 MATLAB GUI 的入门,推荐使用 MATLAB 的帮助文档,仔细研读 HELP 是最好的办法。需要了解函数句柄等必要基础知识,熟悉各控件对象的基本属性和方法操作,知晓不同控件的合适使用条件及其特有的功能,并会采用不同的使用手段来实现相同功能的设计。

1. 菜单和控件

需要详细掌握菜单和控件。菜单很简单,只要弄清除菜单之间的关系和如何调用就

可以了。控件的使用主要是用好 CreateFcn 和 Callback 属性。CreateFcn 中的语句就是在程序运行时，就立即执行脚本。如果希望界面可控，那么最好用 Callback 属性。在相应控件下，添加相应的脚本就可以实现比较复杂的计算绘图等功能了。

2. 事件处理

需要重点掌握事件处理，理解函数回调机制以及不同条件下回调的处理。使用独立回调函数技术，可以让复杂的回调变得简单；全局变量是在函数的公共区说明，整个函数以及所有对函数的递归调用都可以利用全局变量；同属性 Tag 一样，UserData 属性可在函数之间或递归函数的不同部分之间传递信息。如果需要多个变量，这些变量可以在一个容易辨识的对象的属性 UsetData 中传递；通过函数句柄来定义回调实现数据的访问和方法的实现。

3. GUI 设计的原则和步骤

在设计 GUI 的时候，要注意一定的原则和步骤，分析界面所要求实现的主要功能，明确设计任务，构思草图，设计界面和属性，编写对象的相应代码，实现控件的交互调用。

另外对于 GUI 在具体学科的应用，其学科的知识是基础，在掌握具体学科的相关知识的原理后，用代码来实现，才能很好地结合 MATLAB 进行 GUI 编程。

4. GUI 实现方式的选择

最后考虑的问题是实现方式的选择：GUIDE 还是全脚本？MATLAB 自带的 GUI 设计工具 GUIDE 的好处就是非常容易入手，风格很像 VB，相关的控件可以随便拖来用，它们的位置和大小也可以像拖窗口一样方便。但是 GUIDE 生成的是一个 fig 文件，它同时还会生成一个包含了 fig 中放置的控件的相关回调函数的 m 脚本。这两个文件照理说是互相影响的，但是当你改动了其中一个文件的内容，比如在 fig 中删掉一个原来的控件，而 m 脚本中对应的该控件的回调函数却仍然存在，虽说回调函数是空的，没什么关系，但破坏了程序架构的美感，需要手工删掉这些代码。同时 GUIDE 还没有实现创建 uitoolbox 和所有 axes 的子对象。

用全脚本实现 GUI 的最好入门方法就是读代码，MATLAB 就自带了的一些 demo，包括按钮、单选按钮、框架、复选框、文本标签、编辑文本框、滑动条、下拉菜单、列表框和双位按钮等的使用，顺便还能了解 MATLAB 甲句柄函数的参数传递，可以更直观而快速地掌握 GUI 设计的技巧。M 文件代码可以重复使用，可以生成非常复杂的界面，可以实现组件，创建对象，方便地在 handle 中存取数据，将创建对象代码与动作执行代码很好地结合起来。

当然，最好的办法是针对不同的情况来确定使用 GUIDE 还是全脚本，同时可以考虑结合使用来发挥各自优势。看得再多，也不如做学得快，自己动手，不断摸索，在实践中体会学习的快乐！

习题

1. 在图形窗口上设计正弦曲线,设计一个程序实现如下的功能:在用户用鼠标在窗口中拖动出一个方框时,会自动放大括起来的曲线局部。提示:使用识别鼠标按下和释放点的位置坐标来实现。

2. 利用界面设计工具 GUIDE,重新编写程序实现 graf3d.m。

   提示:在命令行窗口用 edit graf3d.m 可查看源代码,然后运行就可看到 GUI 界面。

3. 利用界面设计工具 GUIDE,重新编写程序实现 hndlaxis.m。

   提示:在命令行窗口用 edit hndlaxis.m 可查看源代码,然后运行就可看到 GUI 界面。

第 7 章

工 具 箱

[教学目的]

- 了解一些 MATLAB 常用的工具箱功能。
- 能够利用统计工具箱解决数理统计中的问题。
- 了解神经网络工具箱的使用。

[教学知识点]

统计工具箱

[教学要求]

通过本章的学习,了解 MATLB 的一些工具箱,能够利用统计工具箱解决一些数理统计的问题。

[教学内容]

MATLAB 有一个专门的工具箱家族产品,用于解决不同领域的专业问题,这些工具箱通常表现为 M 文件和高级 MATLAB 语言的集合形式,所以 MATAB 允许用户修改函数的源代码或增加新的函数来适应自己的应用。这样用户就可以方便地综合使用不同工具箱中的技术来设计对某个问题的用户解决方案。

MATLAB 有 30 多个工具箱,大致可分为两类:功能型工具箱和领域型工具箱。功能型工具箱主要用来扩充 MATLAB 的符号计算功能、图形建模仿真功能、文字处理功能以及与硬件实时交互功能,能用于多种学科。而领域型工具箱是专业性很强,如控制系统工具箱(Control System Toolbox)、信号处理工具箱(Signal Processing Toolbox)、财政金融工具箱(Financial Toolbox)等。

这里首先简要介绍 MATLAB 中的主要工具箱,然后针对统计工具箱作详细的介绍,主要解决数理统计的相关问题。

7.1 工具箱介绍

本节简要介绍 MTABLAB 中主要工具箱的功能及其特点,以便在遇到问题时可根据这些找到合适的工具箱。

(1) 通信工具箱(Communication Toolbox)

提供100多个函数和150多个SIMULINK模块用于通信系统的仿真和分析。主要包括：信号编码，调制解调，滤波器和均衡器设计，通道模型和同步等。可由结构图直接生成可应用的C语言源代码。

(2) 控制系统工具箱(Control System Toolbox)

可进行连续系统设计和离散系统设计。主要包括：状态空间和传递函数，模型转换，频域响应(Bode图、Nyquist图和Nichols图等)、时域响应(冲击响应、阶跃响应、斜波响应等)、根轨迹、极点配置与LQG等。

(3) 财政金融工具箱(Financial Toolbox)

提供成本、利润分析，市场灵敏度分析，业务量分析及优化，偏差分析，资金流量估算，财务报表。

(4) 频率域系统辨识工具箱(Frequency Domain System Identification Toolbox)

能够辨识具有未知延迟的连续和离散系统；计算幅值/相位、零点/极点的置信区间；设计周期激励信号、最小峰值、最优能量诺等。

(5) 模糊逻辑工具箱(Fuzzy Logic Toolbox)

此工具箱主要提供了友好的交互设计界面，能够自适应神经-模糊学习、聚类以及Sugeno推理，支持SIMULINK动态仿真，可生成C语言源代码用于实时应用。

(6) 高阶谱分析工具箱(Higher-Order Spectral Analysis Toolbox)

此工具箱提供了高阶谱估计、信号中非线性特征的检测和刻画、延时估计、幅值和相位重构、阵列信号处理和谐波重构等方面的功能。

(7) 图像处理工具箱(Image Processing Toolbox)

此工具箱提供了现实及处理图像数据的功能，主要包括：二维滤波器设计和滤波，图像恢复增强，色彩、集合及形态操作，二维变换，图像分析和统计等。

(8) 线性矩阵不等式控制工具箱(LMI Control Toolbox)

此工具箱具有LMI的基本用途、基于GUI的LMI编辑器、LMI问题的有效解法和LMI问题解决方案等功能。

(9) 模型预测控制工具箱(Model Predictive Control Toolbox)

此工具箱的主要功能包括建模、辨识及验证，支持MISO模型和MIMO模型，阶跃响应和状态空间模型等。

(10) u分析与综合工具箱(u-Analysis and Synthesis Toolbox)

此工具箱具有u分析与综合、H2和H无穷大最优综合、模型降阶、连续和离散系统、u分析与综合理论等功能。

(11) 神经网络工具箱(Neural Network Toolbox)

神经网络广泛应用于工程、金融和人工智能等领域，神经网络工具箱所提供的主要功能包括：BP、Hopfield、Kohonen、自组织、径向基函数等网络；竞争、线性、Sigmoidal等传递函数；前馈、递归等网络结构；性能分析及应用等。

(12) 优化工具箱(Optimization Toolbox)

此工具箱具有线性规划和二次规划，求函数的最大值和最小值，多目标优化，约束条件下的优化和非线性方程求解等功能。

(13) 偏微分方程工具箱(Partial Differential Equation Toolbox)

此工具箱主要功能包括二维偏微分方程的图形处理、几何表示、自适应曲面绘制和有限元方法等。

(14) 鲁棒控制工具箱(Robust Control Toolbox)

此工具箱主要功能包括：LQG/LTR 最优综合；H2 和 H 无穷大最优综合；奇异值模型降阶；谱分解和建模等。

(15) 信号处理工具箱(signal Processing Toolbox)

此工具箱主要功能包括数字和模拟滤波器设计、应用及仿真；谱分析和估计；FFT、DCT 等变换；参数化模型等。

(16) 样条工具箱(Spline Toolbox)

此工具箱主要功能包括分段多项式和 B 样条，样条的构造，曲线拟合及平滑，函数微分、积分等。

(17) 统计工具箱(Statistics Toolbox)。

此工具箱主要功能包括概率分布和随机数生成，多变量分析，回归分析，主元分析，假设检验等。

(18) 符号数学工具箱(Symbolic Math Toolbox)。

此工具箱集成了符号和多种精密计算，可完成符号表达式和符号矩阵的创建，符号微积分、线性代数、方程求解、因式分解、展开和简化，符号函数的二维图形，图形化函数计算器等功能。

(19) 系统辨识工具箱(SystEm Identification Toolbox)

此工具箱主要功能包括状态空间和传递函数模型，模型验证，MA、AR、ARMA 等模型，基于模型的信号处理和谱分析等。

(20) 小波工具箱(Wavelet Toolbox)。

小波理论广泛应用于影像及通信信号的处理方面。小波工具箱的主要功能包括基于小波的分析和综合，图形界面和命令行接口，连续和离散小波变换及小波包，一维、二维小波和自适应去噪和压缩等。

7.2 统计工具箱

统计工具箱是 MATLAB 提供的一个强有力的统计分析工具。包含 200 多个 M 文件(函数)，主要支持以下各方面的内容：

(1) 概率分布：提供了 20 种概率分布，包含离散和连续分布，且每种分布提供了 5 个有用的函数，即概率密度函数、累积分布函数、逆累积分布函数、随机产生器与方差计算函数。

(2) 参数估计：依据特殊分布的原始数据，可以计算分布参数的估计值及其置信区间。

(3) 描述性统计：提供描述数据样本特征的函数，包括位置和散布的度量，分位数估计值和数据处理缺失情况的函数等。

(4) 线性模型:针对线性模型,工具箱提供的函数涉及单因素方差分析、双因素方差分析及多重线性回归、逐步回归、响应曲面和岭回归等。

(5) 非线性模型:为非线性模型提供的函数涉及参数估计,多维非线性拟合的交互预测和可视化,以及参数和预计值的置信区间计算等。

(6) 假设检验:此间提供最通用的假设检验函数 t 检验和 z 检验。

统计工具箱函数主要分为两类:数值计算函数(M 文件)和交互式图形函数(GUI)。

7.2.1 概率分布

统计工具箱提供的常见分布主要有 Unifor(均匀)、Weibull(威布尔)、Noncentralt、Rayleigh(瑞利)、Poisson(泊松)、Normal(正态)等。

1. 概率密度函数 pdf(Probbability Density Function)

功能:可选的通用概率密度函数。

格式:

Y=pdf('Name',X,A1,A1,A3)

其中,'Name'为特定的分布名称,第一个字母必须大写;X 为分布函数自变量取值矩阵;A1,A2 和 A3 分别为相应分布的参数值。Y 存放结果,为概率密度值矩阵。

例如,正态分布 $X \sim N(\mu,\sigma^2)$ 的概率密度函数为:

$$f(x)=\frac{1}{\sigma\sqrt{2\pi}}e^{-\frac{(x-\mu)^2}{2\sigma^2}}$$

可用 pdf 来描述,例如:

```
>>y=pdf('Normal',-2:2,0,1)              %N(0,1)
y=
0.0540  0.2420  0.3989  0.2420  0.0540
>>Y=pdf('Normal',-2:0.5:2,1,4)          %N(1,2)
Y=
0.0753  0.0820  0.0880  0.0930  0.0967  0.0990  0.0997  0.0990  0.0967
>>p=pdf('Poisson',0:2:8,2)              %泊松分布
p=
0.1353  0.2707  0.0902  0.0120  0.0009
>>p=pdf('F',1:2:10,4,7)                 %F distribution
p=
0.4281  0.0636  0.0153  0.0052  0.0021
```

例如,绘制不同的正态分布的密度曲线,如图 7-1 所示。

程序:

```
x=[-6:0.05:6];
y1=pdf('Normal',x,0,0.5);
y2=pdf('Normal',x,0,1);
```

```
y3=pdf('Normal',x,0,2);
y4=pdf('Normal',x,0,4);
plot(x,y1,'K-',x,y2,'K--',x,y3,'*',x,y4,'+');
legend('\sigma=0.5','\sigma=1','\sigma=2','\sigma=4');
```

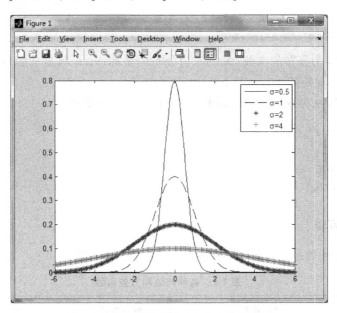

图 7-1 取不同值时的正态分布密度曲线

这个程序计算了 $\mu=0$，而 σ 取不同值时的正态分布密度函数曲线的形态，从中可以看出，σ 越大，曲线越平坦。

2. 累积分布函数（cdf）及逆累积分布函数（icdf）

功能：计算可选分布函数的累积分布和逆累积分布函数。

格式：

```
P=cdf('Name',X,A1,A2,A3)
X=icdf('Name',P,A1,A2,A3)
```

例如：

```
>>x=[-3:0.5:3];
>>p=cdf('Normal',x,0,1)
p=
  0.0013  0.0062  0.0228  0.0668  0.1587  0.3085  0.5000  0.6915  0.8413  0.9332
  0.9772  0.9938  0.9987
>>x=icdf('Normal',p,0,1)
x=
  -3.0000  -2.5000  -2.0000  -1.5000  -1.0000  -0.5000  0  0.5000  1.0000
  1.5000  2.0000  2.5000  3.0000
```

3. 随机数产生器（random）

功能：产生可选分布的随机数。
格式：

```
y=random('Name',A1,A2,A3,m,n)
```

其中，A1，A2，A3 为分布的参数；'Name' 为分布的名称；m，n 确定 y 的数量，如果参数是标量，则 y 是 m×n 矩阵。

例如，产生服从参数为(9,10)的 F-分布的 4 个随机数值。

```
>>y=random('F',9,10,2,2)
y=
3.4907   1.6762
0.5702   1.1534
```

4. 均值和方差

均值和方差函数是以'stat'结尾的函数。具体如表 7-1 所示。

表 7-1　各种均值和方差函数

函数名称	调用格式	函数名称	调用格式
正态分布	[m,v]=normstat(mu,sigma)	连续均匀分布	[m,v]=unistat(A,B)
超几何分布	[mn,v]=hygestat(M,K,N)	离散均匀分布	[m,v]=unidstat(N)
几何分布	[m,v]=geostat(P)	t 分布	[m,v]=tstat(nu)
Gamma 分布	[m,v]=gamstat(A,B)	瑞利分布	[m,v]=raylstat(B)
F 分布	[m,v]=fstat(v1,v2)	泊松分布	[m,v]=poisstat(lambda)
指数分布	[m,v]=expstat(mu)	非中心 t 分布	[m,v]=nctstat(nu,delta)
Chi-squrare 分布	[m,v]=chi2stat(nu)	非中心 chi2 分布	[m,v]=ncx2stat(nu,delta)
二项分布	[m,v]=binostat(N,P)	非中心 F 分布	[m,v]=ncfstat(nu1,nu2,delta)
Beta 分布	[m,v]=betastat(A,B)	负二项分布	[m,v]=nbinstat(R,P)
威尔分布	[m,v]=weibstat(A,B)	对数正态分布	[m,v]=lognstat(mu,sigma)

7.2.2　参数估计

参数估计是总体的分布形式已经知道，且可以用有限个参数表示的估计问题。分为点估计（极大似然估计：Maximum Likelyhood Estimation，MLE）和区间估计。
格式：

```
phat=mle('dist',data)
[phat,pci]=mle('dist',data)
```

```
[phat,pci]=mle('dist',data,alpha)
[phat,pci]=mle('dist',data,alpha,p1)
```

其中,'dist'为给定的特定分布的名称,如'beta'、'binomial'等;Data 为数据样本,以矢量形式给出;Alpha 为用户给定的置信度值,给出 $100(1-alpha)\%$ 的置信区间,默认为 0.05;最后一种是仅供二项分布参数估计,p1 为实验次数。

例 7-1 计算 beta 分布的两个参数的似然估计和区间估计(alpha=0.1,0.05,0.001),样本由随机数产生。

```
>>r=random('beta',4,3,100,1);
>>[p,pci]=mle('beta',r,0.1)
p=
4.6613   3.5719
pci=
3.6721   2.7811
5.6504   4.3626
>>[p,pci]=mle('beta',r,0.05)
p=
4.6613   3.5719
pci=
3.4827   2.6296
5.8399   4.5141
>>[p,pci]=mle('beta',r,0.001)
p=
4.6613   3.5719
pci=
2.6825   1.9900
6.6401   5.1538
```

例 7-2 计算二项分布的参数估计与区间估计,alpha=0.01。

```
>>r=random('Binomial',10,0.2,10,1);
>>[p,pci]=mle('binomial',r,0.01,10)
p=
0.2000  0.2000  0.1000  0.4000  0.2000  0.2000  0.4000  0       0.1000  0.2000
pci=
0.0109  0.0109  0.0005  0.0768  0.0109  0.0109  0.0768  NaN     0.0005  0.0109
0.6482  0.6482  0.5443  0.8091  0.6482  0.6482  0.8091  0.4113  0.5443  0.6482
```

7.2.3 描述统计

描述性统计包括位置度量、散布度量、缺失数据下的统计处理、相关系数、样本分位数、样本峰度、样本偏度、自助法等。

位置度量包括几何均值(geomean)、调和均值(harmmean)、算术平均值(mean)、中位数(median)和修正的样本均值(trimean)。

散布度量包括方差(var)、内四分位数间距(iqr)、平均绝对偏差(mad)、样本极差(range)、标准差(std)、任意阶中心矩(moment)和协方差矩阵(cov)。

缺失数据情况下的处理包括忽视缺失数据的最大值(nanmax)、忽视缺失数据的平均值(nanmean)、忽视缺失数据的中位数(nanmedian)、忽视缺失数据的最小值(nanmin)、忽视缺失数据的标准差(nanstd)和忽视缺失数据的和(namsum)。

相关系数：corrcoef,计算相关系数。

样本分位数：prctile,计算样本的经验分位数。

样本峰度：kurtosis,计算样本峰度。

样本偏度：skewness,计算样本偏度。

自助法：bootstrp,对样本重新采样进行自助统计。

1. 中心趋势(位置)度量

样本中心趋势度量的目的在于对数据样本在分布线上分布的中心位置予以定位。均值是对中心位置简单和通常的估计量。不幸的是，几乎所有的实际数据都存在野值(输入错误或其他小的技术问题造成的)。样本均值对这样的值非常敏感。中位数和修正(剔除样本高值和低值)后的均值则受野值干扰很小。而几何均值和调和均值对野值也较敏感。下面逐个说明这些度量函数。

(1) geomean

功能：样本的几何均值。

格式：

```
m=geomean(X)
```

若 X 为向量,则返回 X 中元素的几何均值；若 X 位矩阵,给出的结果为一个行向量,即每列几何均值。

例 7-3 计算随机数产生的样本的几何均值。

```
>>X=random('F',10,10,100,1);
>>m=geomean(X)
m=
1.1007
>>X=random('F',10,10,100,5);
>>m=geomean(X)
m=
0.9661   1.0266   0.9703   1.0268   1.0333
```

(2) harmmean

功能：样本的调和均值

格式：

```
m=harmmean(X)
```

例 7-4 计算随机数的调和均值。

```
>>X=random('Normal',0,1,50,5);
>>m=harmmean(X)
m=
-0.2963  -0.0389  -0.9343  5.2032  0.7122
```

(3) mean

功能：样本数据的算术平均值。

格式：

```
m=mean(x)
```

例 7-5 计算正态随机数的算术平均数

```
>>X=random('Normal',0,1,300,5);
>>xbar=mean(X)
xbar=
0.0422  -0.0011  -0.0282  0.0616  -0.0080
```

(4) median

功能：样本数据的中值(中位数)，是对中心位值的鲁棒估计。

格式：

```
m=median(X)
```

例 7-6 计算样本的中值。

```
>>X=random('Normal',0,1,5,3)
X =
  0.0000   0.8956   0.5689
 -0.3179   0.7310  -0.2556
  1.0950   0.5779  -0.3775
 -1.8740   0.0403  -0.2959
  0.4282   0.6771  -1.4751
>>m=median(X)
m=
  0.0000   0.6771  -0.2959
```

(5) trimmean

功能：剔除极端数据的样本均值。

格式：

```
m=trimmean(X,percent)
```

说明：计算剔除观测值中最高 percent% 和最低 percent% 的数据后的均值。

例 7-7 计算修改后的样本均值。

```
>>X=random('F',9,10,100,4);
```

```
>>m=trimmean(X,10)
m=
1.1470    1.1320    1.1614    1.0469
```

2. 散布度量

散布度量是描述样本中数据离其中心的程度,也称离差。常用的有极差,标准差,平均绝对差和四分位数间距。

(1) iqr

功能:计算样本的内四分位数的间距是样本的鲁棒估计。

格式:

```
y=iqr(X)
```

说明:计算样本的 75% 和 25% 的分位数之差,不受野值影响。

例 7-8 计算样本的四分位间距。

```
>>X=random('Normal',0,1,100,4);
>>m=iqr(X)
m=
1.3225    1.2730    1.3018    1.2322
```

(2) mad

功能:样本数据的平均绝对偏差。

格式:

```
y=mad(X)
```

说明:正态分布的标准差 sigma 可以用 mad 乘以 1.3 估计。

例 7-9 计算样本数据的绝对偏差。

```
>>X=random('F',10,10,100,4);
>>y=mad(X)
y=
0.5717    0.5366    0.6642    0.7936
>>y1=var(X)
y1=
0.6788    0.6875    0.7599    1.3240
>>y2=y*1.3
y2=
0.8824    0.8938    0.9879    1.7212
```

(3) range

功能:计算样本极差。

格式:

```
y=range(X)
```

说明：极差对野值敏感。

例 7-10 计算样本值的极差。

```
>>X=random('F',10,10,100,4);
>>y=range(X)
y=
10.8487  3.5941  4.2697  4.0814
```

（4）var

功能：计算样本方差

格式：

y=var(X) y=var(X,1) y=var(X,w)

Var(X)经过 $n-1$ 进行了标准化，Var(X,1)经过 n 进行了标准变化。

例 7-11 计算各类方差。

```
>>X=random('Normal',0,1,100,4);
>>y=var(X)
y=
0.9645  0.8209  0.9595  0.9295
>>y1=var(X,1)
y1=
0.9548  0.8126  0.9499  0.9202
>>w=[1:1:100];
>>y2=var(X,w)
y2=
0.9095  0.7529  0.9660  0.9142
```

（5）std

功能：样本的标准差。

格式：

y=std(X)

说明：经过 $n-1$ 标准化后的标准差。

例 7-12 计算随机样本的标准差。

```
>>X=random('Normal',0,1,100,4);
>>y=std(X)
y=
0.8685  0.9447  0.9569  0.9977
```

（6）cov

功能：协方差矩阵。

格式：

C=cov(X) C=cov(x,y) C=cov([x y])

说明：若 X 为向量，cov(X)返回一个方差标量；若 X 为矩阵，则返回协方差矩阵；cov(x,y)与 cov([x y])相同，x 与 y 的长度相同。

例 7-13 计算协方差。

```
>>x=random('Normal',2,4,100,1);
>>y=random('Normal',0,1,100,1);
>>C=cov(x,y)
C=
12.0688   -0.0583
-0.0583    0.8924
```

3. 处理缺失数据的函数

在处理含有大量数据的样本时常常遇到一些无法确定的或者无法找到确切的值。在这种情况下，用符号"NaN"(not a number)标注这样的数据。这种情况下，一般的函数得不到任何信息。

例如，m 中包含 NaN 数据。

```
>>m=magic(3);
>>m([1 5 9])=[NaN NaN NaN];
>>sum(m)
ans=
NaN NaN NaN
```

但是通过缺失数据的处理，可得到有用的信息。

```
>>nansum(m)
ans=
7   10   13
```

(1) nanmax

功能：忽视 NaN，求其他数据的最大值。

格式：

```
m=nanmax(X)
[m,ndx]=nanmax(X)
m=nanmax(a,b)
```

说明：nanmax(X)返回 X 中除 NaN 以外的其他数据的最大值。[m,ndx]=nanmax(X)还返回 X 最大值的序号给 ndx。m = nanmax(a,b)返回 a 或者 b 的最大值，a,b 长度相同。

```
>>m=magic(3);
>>m([1 5 9])=[NaN NaN NaN];
>>[m,ndx]=nanmax(m)
```

```
m=
    4    9    7
ndx=
    3    3    2
```

(2) 处理缺失数据的其他常用函数

除了 nanmax 函数外,还有如 nansum、nanstd 等处理缺失数据的函数。常用的处理缺失数据的函数如表 7-2 所示。

表 7-2　各种处理缺失数据的函数

函　数	功　能	函　数	功　能
Y=nansum(X)	求包含缺失数据的和	Y=nanmean(X)	求包含缺失数据的平均值
Y=nanstd(X)	求包含缺失数据的标准差	nanmin	求包含缺失数据的最小值
Y=nanmedian(X)	求包含缺失数据中位数	nanmax	求包含缺失数据的最大值

4. 中心距

功能:任意阶的中心矩。

格式:

m=moment(X,order)

说明:order 为阶,函数本身除以 X 的长度。

例 7-14　计算样本函数的中心矩。

```
>>X=random('Poisson',2,100,4);
>>m=moment(X,1)
m=
    0    0    0    0
>>m=moment(X,2)
m=
    1.7604    2.0300    1.6336    2.3411
>>m=moment(X,3)
m=
    1.3779    2.5500    2.3526    2.2964
```

5. 百分位数及其图形描述

百分位数图形可以直观观测到样本的大概中心位置和离散程度,可以对中心趋势度量和散布度量作补充说明。

函数:prctile

功能:计算样本的百分位数。

格式：

y=prctile(X,p)

说明：计算 X 中数据大于 P% 的值，P 的取值区间为 [0,100]，如果 X 为向量，返回 X 中 P 百分位数；若 X 为矩阵，给出一个向量；如果 P 为向量，则 y 的第 i 个行对应于 X 的 p(i) 百分位数。

例如：

```
>>x=(1:5)'*(1:5)
x=
    1    2    3    4    5
    2    4    6    8   10
    3    6    9   12   15
    4    8   12   16   20
    5   10   15   20   25
>>y=prctile(x,[25,50,75])
y=
   1.7500    3.5000    5.2500    7.0000    8.7500
   3.0000    6.0000    9.0000   12.0000   15.0000
   4.2500    8.5000   12.7500   17.0000   21.2500
```

做出相应的百分位数的图形：

```
>>boxplot(x)
```

绘制出的图形如图 7-2 所示。

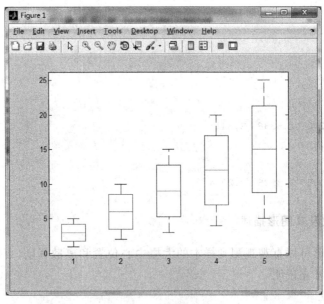

图 7-2 百分位数的图形

6. 相关系数

功能：相关系数。

格式：

R=corrcoef(X)

例 7-15 合金的强度 y 与含碳量 x 的样本如下，试计算相关系数 $r(x,y)$。

```
>>X=[41 42.5 45 45.5 45 47.5 49 51 50 55 57.5 59.5;
0.1,0.11 0.12 0.13 0.14 0.15 0.16 0.17 0.18 0.20 0.22 0.24]';
>>R=corrcoef(X)
R=
1.0000    0.9897
0.9897    1.0000
```

7. 样本峰度

功能：样本峰度。

格式：

k=kurtosis(X)

说明：峰度为单峰分布曲线"峰的平坦程度"的度量。Matlab 工具箱中峰度不采用一般定义（k-3，标准正态分布的峰度为 0）。而是定义标准正态分布峰度为 3，曲线比正态分布平坦，峰度大于 3，反之，小于 3。

例 7-16 计算随机样本的峰度。

```
>>X=random('F',10,20,100,4);
>>k=kurtosis(X)
k=
6.5661    5.5851
6.0349    7.0129
```

8. 样本偏度

功能：样本偏度。

格式：

y=skewness(X)

说明：偏度是度量样本围绕其均值的对称情况。如果偏度为负，则数据分布偏向左边，反之，偏向右边。

例如：

```
>>X=random('F',9,10,100,4);
>>y=skewness(X)
```

y=
1.0934   1.5513   2.0522   2.9240

9. 自助法

引例：一组来自 15 个法律学校的学生的 lsat 分数和 gpa 进行比较的样本。

```
>load lawdata
>>x=[lsat gpa]
x=
576.0000   3.3900
635.0000   3.3000
558.0000   2.8100
578.0000   3.0300
666.0000   3.4400
580.0000   3.0700
555.0000   3.0000
661.0000   3.4300
651.0000   3.3600
605.0000   3.1300
653.0000   3.1200
575.0000   2.7400
545.0000   2.7600
572.0000   2.8800
594.0000   2.9600
```

绘图，并进行曲线拟合：

```
>>plot(lsat,gpa,'+')
>>lsline
```

通过图 7-3 所示的拟合曲线可以看出，lsat 随着 gpa 增长而提高。我们希望确信此结论的程度是多少，但是曲线只给出了直观表现，没有量的表示。

计算相关系数：

```
>>y=corrcoef(lsat,gpa)
y=
1.0000   0.7764
0.7764   1.0000
```

相关系数是 0.7764，但是由于样本容量 $n=15$ 比较小，我们仍然不能确定在统计上相关的显著性有多大。因此，必须采用 bootstrp 函数对 lsat 和 gpa 样本来重新采样，并考察相关系数的变化。

```
>>y1000=bootstrp(1000,'corrcoef',lsat,gpa);
>>hist(y1000(:,2),30)
```

绘制 lsat、gpa 和相关系数的直方图，如图 7-4 所示。

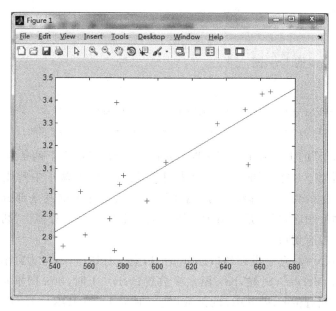

图 7-3　lsat 和 gpa 的拟合曲线

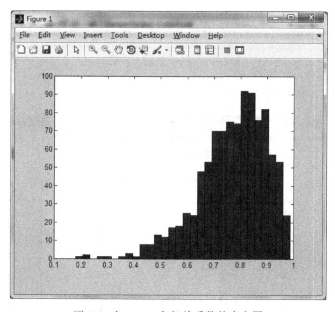

图 7-4　lsat、gpa 和相关系数的直方图

结果显示,相关系数绝大多数在区间[0.4,1]内,表明 lsat 分数和 gpa 具有确定的相关性,这样的分析,不需要对相关系数的概率分布作出很强的假设。

7.2.4　统计绘图

统计绘图就是用图形表达函数,以便直观地、充分地表现样本及其统计量的内在本质性。

1. Box 图

功能：数据样本的 box 图。

格式：

boxplot(X) boxplot(X,notch) boxplot(X,notch,'sym')
boxplot(X,notch,'sym',vert) boxplot(X,notch,'sym',vert,whis)

说明 1："盒子"的上底和下底间为四分位间距，"盒子"的上下两条线分别表示样本的 25％和 75％分位数。"盒子"的中间线为样本中位数。如果盒子中间线不在盒子中间，表示样本存在一定的偏度。虚线贯穿"盒子"上下，表示样本的其余部分(除非有野值)。样本最大值为虚线顶端，样本最小值为虚线底端。用"＋"表示野值。"切口"是样本的置信区间，缺省时，没有切口。

说明 2：notch＝0，盒子没有切口；notch＝1，盒子有切口；'sym'为野值标记符号，缺省时，用"＋"表示。Vert＝0 时候，box 图水平放置；vert＝1 时，box 图垂直放置。Whis 定义虚线长度为内四分位间距(IQR)的函数(缺省时为 1.5＊IQR)，若 whis＝0，box 图用'sym'规定的记号显示盒子外所有数据。

```
>> x1=random('Normal',2,1,100,1);
>> x2=random('Normal',1,2,100,1);
>> x=[x1 x2];
>> boxplot(x,1,'*',1,0)
```

可产生如图 7-5 所示的结果。

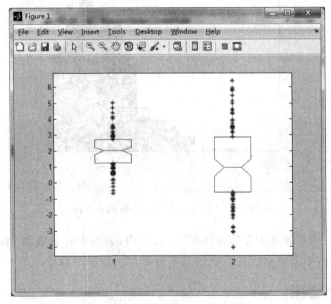

图 7-5 boxplot 所绘制的 Box 图

2. 误差条图

功能：误差条图。

格式：

errorbar(X,Y,L,U,symbol)

errorbar(X,Y,L)

errorbar(Y,L)

说明：误差条是距离点(X,Y)上面的长度为U(i)，下面的长度为L(i)的直线。X，Y，L，U的长度必须相同。Symbol为字符串，可以规定线条类型、颜色等。

```
>>r1=random('Poisson',2,20,1);
>>r2=random('Poisson',10,20,1);
>>U=ones(20,1);
>>L=ones(20,1);
>>errorbar(r1,r2,L,U,'+')
```

绘制出的图形如图 7-6 所示。

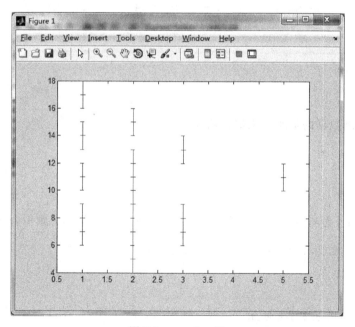

图 7-6　errorbar 图

```
>>r1=random('Poisson',2,10,1);
>>r2=random('Poisson',10,10,1);
>>U=ones(10,1);
>>L=U;
>>errorbar(r1,r2,L,U,'+')
```

上述程序绘制出的图形如图 7-7 所示。

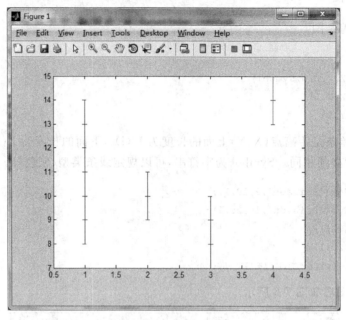

图 7-7 errorbar 图

3. 拟合曲线

(1) lsline

功能：绘制数据的最小二乘拟合曲线。

格式：

```
lsline
h=lsline
```

说明：lsline 为当前坐标系中的每一个线性数据给出其最小二乘拟合线。

```
>>y=[2 3.4 5.6 8 11 12.3 13.8 16 18.8 19.9]';
>>plot(y,'+')
>>lsline
```

绘制出的图形如图 7-8 所示。

(2) refcurve

功能：在当前图形中给出多项式拟合曲线。

格式：

```
h=refcurve(p)
```

说明：在当前图形中给出多项式 p(系数向量)的曲线，n 阶多项式为 $y=p1*x^n+p2*x^{(n-1)}+\cdots+pn*x+p0$，则 p=[p1 p2 ⋯ pn p0]。

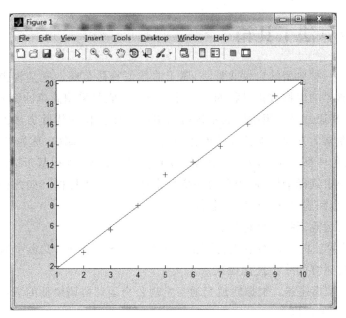

图 7-8 lsline 最小二乘法拟合

```
>>h=[85 162 230 289 339 381 413 437 452 458 456 440 400 356];
>>plot(h,'+')
>>refcurve([-4.9,100,0])
```

上述程序绘制的图形如图 7-9 所示。

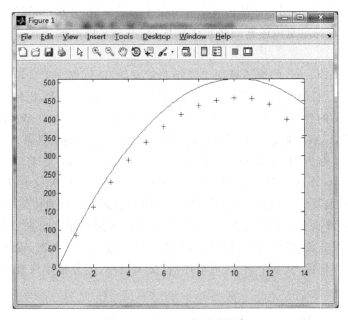

图 7-9 refcurve 多项式拟合

7.3 遗传算法工具箱

遗传算法是一种典型的启发式算法，属于非数值算法范畴。它是模拟达尔文的自然选择学说和自然界的生物进化过程的一种计算模型。它是采用简单的编码技术来表示各种复杂的结构，并通过对一组编码表示进行简单的遗传操作和优胜劣汰的自然选择来指导学习和确定搜索的方向。遗传算法的操作对象是一群二进制串（称为染色体、个体），即种群，每一个染色体都对应问题的一个解。从初始种群出发，采用基于适应度函数的选择策略在当前种群中选择个体，使用杂交和变异来产生下一代种群。如此模仿生命的进化进行不断演化，直到满足期望的终止条件。

遗传算法的运算流程主要包括：

（1）对遗传算法的运行参数进行赋值。参数包括种群规模、变量个数、交叉概率、变异概率以及遗传运算的终止进化代数。

（2）建立区域描述器。根据轨道交通与常规公交运营协调模型的求解变量的约束条件，设置变量的取值范围。

（3）在步骤（2）的变量取值范围内，随机产生初始群体，代入适应度函数计算其适应度值。

（4）执行比例选择算子进行选择操作。

（5）按交叉概率对交叉算子执行交叉操作。

（6）按变异概率执行离散变异操作。

（7）计算步骤（6）得到局部最优解中每个个体的适应值，并执行最优个体保存策略。

（8）判断是否满足遗传运算的终止进化代数，不满足则返回步骤（4），满足则输出运算结果。

运用基于 MATLAB 的遗传算法工具箱非常方便，遗传算法工具箱里包括了我们需要的各种函数库。目前，基于 MATLAB 的遗传算法工具箱也很多，比较流行的有英国设菲尔德大学开发的遗传算法工具箱 GATBX、GAOT 以及 Math Works 公司推出的 GADS。实际上，GADS 就是大家所看到的 MATLAB 中自带的工具箱。

以 GATBX 为例进行简单说明。在运用 GATBX 前，要将 GATBX 解压到 MATLAB 下的 toolbox 文件夹里，同时通过 set path 将 GATBX 文件夹加入到路径当中。然后就可以编写代码，通过调用 GATBX 所提供的函数进行遗传问题的求解。

遗传问题的解决主要包括两方面工作：首先将模型用程序写出来（M 文件），即目标函数，若目标函数非负，即可直接将目标函数作为适应度函数。其次，设置遗传算法的运行参数，包括种群规模、变量个数、区域描述器、交叉概率、变异概率以及遗传运算的终止进化代数等。

7.3.1 核心函数

在进行具体实例介绍前，这里简要地介绍一下遗传算法的核心函数。

(1) 初始种群生成函数 initializega

function [pop]=initializega(num,bounds,eevalFN,eevalOps,options)

功能：初始种群的生成函数。

输出参数：

pop 为生成的初始种群。

输入参数：

num：种群中的个体数目。

bounds：代表变量的上下界的矩阵。

eevalFN：适应度函数。

eevalOps：传递给适应度函数的参数。

options：选择编码形式（浮点编码或是二进制编码）[precision F_or_B]，如 precision 为变量进行二进制编码时指定的精度，F_or_B 为 1 时选择浮点编码，否则为二进制编码，由 precision 指定精度。

(2) 遗传算法函数 ga

function [x,endPop,bPop,traceInfo]=ga(bounds,evalFN,evalOps,startPop,opts,…
    termFN,termOps,selectFN,selectOps,xOverFNs,xOverOps,mutFNs,mutOps)

功能：遗传算法函数。

输出参数：

x：求得的最优解。

endPop：最终得到的种群。

bPop：最优种群的一个搜索轨迹。

输入参数：

bounds：代表变量上下界的矩阵。

evalFN：适应度函数。

evalOps：传递给适应度函数的参数。

startPop：初始种群。

opts[epsilon prob_ops display]：opts(1:2)等同于 initializega 的 options 参数，第三个参数控制是否输出，一般为 0，如[1e-6 1 0]。

termFN：终止函数的名称，如['maxGenTerm']。

termOps：传递给终止函数的参数，如[100]。

selectFN：选择函数的名称，如['normGeomSelect']。

selectOps：传递给选择函数的参数，如[0.08]。

xOverFNs：交叉函数名称表，以空格分开，如['arithXover heuristicXover simpleXover']。

xOverOps：传递给交叉函数的参数表，如[2 0;2 3;2 0]。

mutFNs：变异函数表，如['boundaryMutation multiNonUnifMutation nonUnifMutation unifMutation']。

mutOps：传递给交叉函数的参数表，如[4 0 0；6 100 3；4 100 3；4 0 0]。

7.3.2 遗传算法实例 1

问题：求 $f(x)=x+10*\sin(5x)+7*\cos(4x)$ 的最大值，其中 $0\leqslant x\leqslant 9$。

分析：选择二进制编码，种群中的个体数目为 10，二进制编码长度为 20，交叉概率为 0.95，变异概率为 0.08。

程序清单：

```
%编写目标函数
  function[sol,eval]=fitness(sol,options)
    x=sol(1);
    eval=x+10*sin(5*x)+7*cos(4*x);
%把上述函数存储为 fitness.m 文件并放在工作目录下
initPop=initializega(10,[0 9],'fitness');              %生成初始种群,大小为 10
[x endPop,bPop,trace]=ga ([0 9],'fitness',[],initPop,[1e-6 1 1],...
                  'maxGenTerm',25,'normGeomSelect',...
   [0.08],['arithXover'],[2],'nonUnifMutation',[2 25 3])   %25 次遗传迭代运算
x=
     7.8562   24.8553(当 x 为 7.8562 时,f(x)取最大值 24.8553)
```

注：遗传算法一般用来取得近似最优解，而不是最优解。

7.3.3 遗传算法实例 2

问题：在 $-5\leqslant X_i\leqslant 5, i=1,2$ 区间内，求解 $f(x1,x2)=-20*\exp(-0.2*\text{sqrt}(0.5*(x1.^2+x2.^2)))-\exp(0.5*(\cos(2*pi*x1)+\cos(2*pi*x2)))+22.71282$ 的最小值。

分析：种群大小为 10，最大代数为 1000，变异率为 0.1，交叉率为 0.3。

程序清单：

```
%源函数的 matlab 代码
  function [eval]=f(sol)
    numv=size(sol,2);
    x=sol(1:numv);
    eval=-20*exp(-0.2*sqrt(sum(x.^2)/numv)))-exp(sum(cos(2*pi*x))/numv)+
    22.71282;
%适应度函数的 matlab 代码
  function [sol,eval]=fitness(sol,options)
    numv=size(sol,2)-1;
    x=sol(1:numv);
    eval=f(x);
    eval=-eval;
```

```
%遗传算法的matlab代码
bounds=ones(2,1)*[-5 5];
[p,endPop,bestSols,trace]=ga(bounds,'fitness')
```

注：前两个文件存储为 M 文件并放在工作目录下，运行结果为

```
p=
0.0000   -0.0000   0.0055
```

参考文献

1. 罗建军. 精讲多练 MATLAB. 西安：西安交通大学出版社, 2002.
2. 徐金明. MATLAB 实用教程. 北京：清华大学出版社, 北京交通大学出版社, 2005.
3. 刘焕进. MATLAB N 个使用技巧——MATLAB 中文论坛精华总结. 北京：北京航空航天大学出版社, 2011.
4. 吴鹏. MATLAB 高效编程技巧与应用：25 个案例分析. 北京：北京航空航天大学出版社, 2010.
5. 王正林. 精通 MATLAB 科学计算. 第 2 版. 北京：电子工业出版社, 2009.
6. 张德丰. MATLAB 语言高级编程. 北京：机械工业出版社, 2010.
7. 陈超. MATLAB 应用实例精讲——图像处理与 GUI 设计篇. 北京：电子工业出版社, 2011.